竹荪 平菇 金针菇 猴头菌栽培技术问答

（修订版）

编著者

赵庆华　秦斌凤

李伟芳　张培红　莫众成

金盾出版社

内 容 提 要

　　本书由上海市农业科学院赵庆华研究员等重新修订。该书自问世以来，深受读者欢迎，先后共印刷 13 次，发行 26.3 万册。最近，编著者根据当前竹荪、平菇、金针菇、猴头菌生产的发展和需要，对该书做了多处修改和补充，在内容上增加了新的栽培方法，特别是各种代料的栽培新技术与提高产量、质量和安全、卫生的技术要点，同时介绍了新的品种等。所解答的问题更加贴近实际，更加便于操作。可供广大菇农、农业科技人员、农业院校相关专业的师生阅读参考。

图书在版编目(CIP)数据

　　竹荪 平菇 金针菇 猴头菌栽培技术问答/赵庆华等编著. —修订版. —北京：金盾出版社，2005.4
　　ISBN 978-7-5082-3589-9

　　Ⅰ.竹…　Ⅱ.赵…　Ⅲ.食用菌类-蔬菜园艺　Ⅳ.S646

　　中国版本图书馆 CIP 数据核字(2005)第 025332 号

金盾出版社出版、总发行

北京太平路 5 号(地铁万寿路站往南)
邮政编码：100036　电话：68214039　83219215
传真：68276683　网址：www.jdcbs.cn
封面印刷：北京印刷一厂
正文印刷：北京金盾印刷厂
装订：兴浩装订厂
各地新华书店经销

开本：787×1092 1/32　印张：7.25　字数：161 千字
2009 年 6 月修订版第 16 次印刷
印数：283001—294000 册　定价：12.00 元

修订版前言

我们编写的《竹荪、平菇、金针菇、猴头菌栽培技术问答》，自出版发行后，承蒙广大读者的厚爱，先后共印刷 13 次，发行了 26.3 万册，深得广大食用菌种植户和读者的好评。为了更好地适应当前竹荪、平菇、金针菇、猴头菌生产的需要，尤其是优质无公害绿色安全的食用菌生产，有必要对原书重新修订。

修订版的《竹荪、平菇、金针菇、猴头菌栽培技术问答》，在原来基础上增加了新的栽培方法，特别是各种代料的栽培新技术与提高产量、质量和安全、卫生的技术要点，介绍了新的品种等。所解答的问题更加贴近实际，更加便于操作。

在对第一版修订过程中，得到了有关科研单位，上海市农科院《食用菌》编著部以及郭美英、贾身茂、李育岳、汪麟、苗长海、丁湖广、严新涛、刘云等专家、教授的大力支持，在此一并表示衷心感谢！同时，由于修改时间较为仓促，掌握的资料也不够多，不足之处在所难免，敬请广大读者和同行给予批评、指正。

编著者
2005 年 1 月

目　录

一、竹荪…………………………………………………（1）

　1. 竹荪有哪些营养价值和药用功能？…………（1）

　2. 竹荪由哪四部分组成？………………………（3）

　3. 竹荪的生活史怎样？…………………………（5）

　4. 竹荪需要的外界条件是什么？………………（6）

　5. 怎样制备竹荪母种？…………………………（8）

　6. 竹荪原种和栽培种如何制作？………………（10）

　7. 怎样进行竹荪开放式制栽培种？……………（12）

　8. 怎样鉴别竹荪菌种的优劣？…………………（13）

　9. 怎样处理栽培竹荪的原料？…………………（14）

　10. 竹荪生料室内速生高产法如何进行？………（17）

　11. 竹荪代料室外高产栽培法如何进行？………（18）

　12. 竹荪熟料室外高产栽培法如何进行？………（20）

　13. 竹荪野外荫棚畦床栽培法如何进行？………（21）

　14. 竹荪果园套栽高产栽培法如何进行？………（29）

　15. 怎样在林地栽培竹荪？………………………（31）

　16. 怎样进行堆料发酵竹荪的高产栽培？………（35）

　17. 怎样用玉米秆栽培竹荪？……………………（38）

　18. 怎样进行稻谷壳栽培竹荪？…………………（38）

　19. 怎样进行棉秆栽培竹荪？……………………（39）

　20. 怎样用麦草畦床栽培竹荪？…………………（41）

　21. 怎样用菌草栽培竹荪？………………………（43）

22. 怎样进行芦苇栽培竹荪？ …………………… (44)

23. 有哪些措施保证竹荪高产？ …………………… (45)

24. 怎样防治竹荪的病虫害？ …………………… (47)

25. 怎样采收竹荪？ …………………… (51)

26. 怎样进行竹荪的干制？ …………………… (52)

27. 怎样进行竹荪的分级包装？ …………………… (54)

二、平菇 …………………………………………… (55)

28. 平菇有什么营养和药用价值？ …………………… (55)

29. 平菇的形态特征是什么？ …………………… (55)

30. 怎样制平菇菌种？ …………………… (56)

31. 怎样选购优质平菇菌种？ …………………… (58)

32. 平菇的栽培原料有哪些？ …………………… (59)

33. 平菇对环境条件有哪些要求？ …………………… (62)

34. 目前栽培平菇有哪些优良菌种？ …………………… (65)

35. 怎样进行平菇的畦栽？ …………………… (81)

36. 怎样进行平菇的床栽？ …………………… (83)

37. 平菇的袋栽法怎样进行？ …………………… (86)

38. 怎样进行平菇仿工厂化高产栽培？ …………………… (91)

39. 怎样进行平菇二次覆土高产栽培？ …………………… (93)

40. 怎样进行平菇袋栽和露地床栽相结合？ ………… (95)

41. 怎样进行平菇塑料袋穿竹竿栽培？ …………………… (96)

42. 怎样进行筒式堆积二区制栽平菇？ …………………… (97)

43. 怎样进行地沟栽培小平菇？ …………………… (98)

44. 怎样进行平菇瓜（豆）立体栽培？ …………………… (100)

45. 怎样在玉米地间作平菇？ …………………… (100)

46. 怎样在甘蔗田套种平菇？ …………………… (102)

47. 怎样在郁蔽林下栽培平菇？ ………… (102)

48. 怎样进行稻田平菇栽培？……………………（103）

49. 怎样在盐碱滩地栽培平菇？…………………（104）

50. 怎样在菜地间作平菇？………………………（104）

51. 怎样进行稻草室外栽培平菇？………………（105）

52. 怎样进行小拱棚稻草屑栽培平菇？…………（106）

53. 怎样用棉籽壳添加鲜红薯栽培平菇？………（108）

54. 怎样用棉籽壳添加菜园土栽培平菇？………（108）

55. 怎样用大麦草栽培平菇？……………………（109）

56. 怎样用麦秆配合木屑栽培平菇？……………（109）

57. 怎样用玉米芯栽培平菇？……………………（110）

58. 怎样用玉米渣栽培平菇？……………………（111）

59. 怎样用花生壳、禾秆栽培平菇？……………（112）

60. 怎样进行甘薯渣阳畦栽培平菇？……………（113）

61. 怎样进行麦秸、糠醛渣混合料栽培平菇？……（115）

62. 怎样用甜菜废料栽培平菇？…………………（116）

63. 怎样用酒糟栽培平菇？………………………（116）

64. 怎样用培养料添加酵素菌栽培平菇？………（117）

65. 怎样用泥炭栽培平菇？………………………（119）

66. 怎样进行平菇埋木栽培？……………………（120）

67. 怎样获得春栽平菇的高产？…………………（121）

68. 怎样获得夏季栽培平菇稳产高产？…………（122）

69. 冬栽平菇夺取高产的关键是什么？…………（124）

70. 怎样进行平菇的冬播春收栽培？……………（126）

71. 平菇常用增产措施有哪些？…………………（127）

72. 袋装平菇栽培中常遇到哪些问题？如何解决？

……………………………………………………（129）

73. 平菇栽培中会发生哪些不正常现象？如何处

　　理？ ···（134）

　74. 怎样预防冬季畸形平菇的发生？ ·············（135）

　75. 怎样控制人防工事栽培平菇中畸形菇的发生？

　　···（136）

　76. 怎样防止平菇生料栽培的污染？ ·············（137）

　77. 怎样利用菌株的抗逆性生料栽培平菇？ ·······（138）

　78. 怎样防治平菇栽培种的常见杂菌和害虫？ ·····（139）

　79. 平菇何时采收好？ ·····························（142）

　80. 平菇采收的标准和方法是什么？ ·············（143）

三、金针菇 ··（144）

　81. 金针菇有哪些营养和药用价值？ ·············（144）

　82. 金针菇由哪两部分组成？ ·····················（145）

　83. 金针菇的生活史怎样？ ·······················（146）

　84. 金针菇生长发育需哪些条件？ ·················（146）

　85. 金针菇制种有哪些培养基配方？ ·············（149）

　86. 怎样鉴别金针菇菌种的优劣？ ·················（150）

　87. 金针菇有哪些优良菌株？ ·····················（151）

　88. 哪些培养基配方是优质高产栽培金针菇的配

　　方？ ···（156）

　89. 怎样用瓶栽培金针菇？ ·······················（158）

　90. 怎样进行袋栽金针菇？ ·······················（159）

　91. 怎样进行金针菇生料床式栽培？ ·············（161）

　92. 怎样进行阳畦栽培金针菇？ ···················（165）

　93. 怎样进行金针菇室外大棚出菇？ ·············（165）

　94. 怎样进行金针菇地沟栽培？ ···················（167）

　95. 怎样进行金针菇脱膜卧地栽培？ ·············（169）

　96. 怎样进行金针菇两段出菇？ ···················（170）

97．怎样进行金针菇的双向出菇？ ……………………（171）

98．怎样在人防地道中栽培金针菇？ ……………………（172）

99．怎样用啤酒糟栽培金针菇？ ……………………（173）

100．怎样用豆秆粉栽培金针菇？ ……………………（174）

101．怎样进行金针菇简易规模优化生产？ ………（175）

102．我国金针菇工厂化生产的新技术有什么进

展？ ……………………………………………（176）

103．怎样进行金针菇的机械化生产？ ……………（177）

104．白色金针菇优质高产栽培的关键是什么？ …（179）

105．怎样进行低温库周年栽培金针菇？ …………（183）

106．怎样进行金针菇周年高产优质栽培？ ………（185）

107．夏季怎样在高海拔冷凉地区栽培金针菇？ …（187）

108．栽培金针菇易发生哪些杂菌？如何防治？ …（189）

四、猴头菌 ………………………………………………（192）

109．猴头菌有哪些营养成分和药用价值？ ………（192）

110．猴头菌的形态特征是什么？ …………………（193）

111．栽培猴头菌需要哪些生长发育条件？ ………（194）

112．栽培猴头菌有哪些常用培养料配方？ ………（196）

113．怎样进行瓶栽猴头菌高产栽培？ ……………（197）

114．怎样进行猴头菌高产袋栽？ …………………（199）

115．怎样进行猴头菌的仿野生栽培？ ……………（201）

116．怎样进行猴头菌的大田阳畦栽培？ …………（203）

117．怎样进行猴头菌室内吊袋栽培？ ……………（207）

118．怎样进行猴头菌高产栽培？ …………………（209）

119．优质高产栽培猴头菌有哪些关键技术？ ……（211）

120．怎样用棉籽壳袋栽猴头菌？ …………………（214）

121．怎样用棉籽壳生料栽培猴头菌？ ……………（215）

122. 怎样用玉米芯栽培猴头菌？ ……………………（215）

123. 怎样用甜菜废丝料栽培猴头菌？ …………………（216）

124. 怎样用蔗渣栽培猴头菌？ …………………………（217）

125. 怎样进行酒糟栽培猴头菌？ ………………………（218）

126. 怎样防治猴头菌的病虫害和畸形菇的发生？

……………………………………………………（219）

127. 猴头菌怎样采收和分级？ …………………………（221）

一、竹荪

1. 竹荪有哪些营养价值和药用功能？

（1）**竹荪的营养价值**　竹荪中含蛋白质 20.2%，粗脂肪 26%，粗纤维 8.8%，碳水化合物 51.6%，灰分 4.21%。其中蛋白质可消化率高达 72.73%，纯蛋白质可消化率达 63.60%。在营养学上有特殊意义的蛋氨酸含量高于其他菌类的数倍。每 100 克竹荪干物质中，含异亮氨酸 0.427 克、亮氨酸 0.583 克、赖氨酸 0.314 克、蛋氨酸 1.942 克、谷氨酸 1.078 克、苯丙氨酸 0.373 克、苏氨酸 0.488 克、缬氨酸 0.714 克、丙氨酸 1.081 克、精氨酸 0.333 克、天门冬氨酸 0.806 克、甘氨酸 0.505 克、组氨酸 0.129 克、丝氨酸 0.529 克、酪氨酸 0.361 克。

竹荪还含有大量的维生素，如 B 族维生素 B_1、B_2、B_6 以及维生素 K、维生素 A、维生素 D、维生素 E 等。每 100 克干物质中含有维生素 B_2 46.5 微克、维生素 C4.01 微克（其中还原型 1.73 微克，氧化型 2.28 微克）、麦角甾醇 0.0365 微克。特别是麦角甾醇，被人体吸收后，受阳光照射，能转化为维生素 D，可增强人体的抵抗能力，并能帮助儿童的骨骼、牙齿生长。竹荪含有矿质元素也十分丰富。每 100 克干物质中含钾 56.541 毫克、钠 1.33 毫克、钙 0.377 毫克、铁 1.964 毫克、铝 0.339 毫克、镁 2.755 毫克、磷 11.049 毫克、锰 0.214 毫克、铜 0.071 毫克、锌 0.054 毫克、硫 14.425 毫克、氯 0.423 毫克、硅 5.443 毫克。

（2）**竹荪的药用功能** 竹荪具有较高的药用价值。其所含的菌类蛋白多糖,多种无机盐及维生素,均对人体有免疫强身作用,是一种理想的保健食品。长期食用竹荪,可以减少血液中胆固醇含量,从而降低血压;尤其竹荪有"刮油"功能,可减少腹壁脂肪贮积,对于肥胖患者来说,无异是个佳音,是天然减肥药。

①**增强免疫的作用** 竹荪多糖广泛存在于子实体的细胞壁中,具有重要的免疫调节作用。多糖的免疫功能可能与多糖对白细胞介素、肿瘤坏死因子和干扰素的促诱生作用有关,也可能与多糖激活 T 细胞和 B 细胞的作用有关。

②**抗肿瘤的作用** 对数千种真菌进行试验,结果表明约有 100 种以上的真菌对小鼠 S-180 肉瘤或艾氏癌有抑制作用,抑瘤率高达 $80\% \sim 90\%$。食用菌中抗癌成分主要是多糖体,多糖蛋白效果更佳。从竹荪细胞中提取的含氮多糖体,用于黻鼠腹腔癌的抑癌试验,含氮多糖体抑癌率达 70%。北京医科大学药理学系进行了 10 多年的真菌多糖体的药效学研究,认为真菌多糖具有直接或间接提高人体免疫功能,能增强吞噬细胞的吞噬功能,达到抗肿瘤的作用。

③**竹荪提取液的抑菌作用** 发现竹荪对 8 种受试菌均有较低的最低抑菌浓度(MIC)和最低杀菌浓度(MBC),分别为蜡样芽孢杆菌 MIC5%、MBC5%;枯草芽孢杆菌 MIC5%、MBC10%;金黄色葡萄球菌 MIC2.5%、MBC2.5%;白色葡萄球菌 MIC1.25%、MBC1.25%;大肠杆菌 MIC5%、MBC5%;沙门氏菌 MIC10%、MBC10%;志贺氏菌 MIC2.5%、MBC5%;苏云金杆菌 MIC2.5%、MBC2.5%,其抑菌作用的 pH 值为 $5.0 \sim 8.5$。在中性至碱性条件下可发挥

抑菌作用。竹荪提取液中抑菌成分对高温、高压稳定,具有广泛的使用范围。

④抗衰老的作用　人红细胞膜脂质的主要脂肪酸包括软脂酸、油酸、亚油酸、硬脂酸、花生四烯酸、二十二碳烯酸等,脂质过氧化是由自由基引发的链式反应,而且极易破坏不饱和脂肪酸。生物体内的有氧代谢过程不断地产生自由基,当它的存在超出机体防护系统所具有的清除能力,就会直接或间接地引起生物大分子的氧化破坏,诱发膜脂质过氧化,降低膜脂流动性,引起生物体的衰老和基因突变等许多疾病的产生。短裙竹荪多糖具有一定清除超氧阴离子自由基的作用,并能抑制人工细胞膜的脂质过氧化,可能是其抗肿瘤、提高免疫力的主要作用机制之一。

2. 竹荪由哪四部分组成?

（1）孢子　着生在成熟的担子上,又称为担孢子,是竹荪的基本繁殖单位。在显微镜下可以看见的孢子呈椭圆形或短柱形,体积 3～4 微米×1.7～2.8 微米,无色透明,表面光滑。

（2）菌丝体　是竹荪的营养器官。菌丝体由无数管状菌丝交织而成,呈蛛网状,着生于培养料表面或基质内。菌丝初期绒毛状,白色,逐渐发育成线状,有分枝,最后密集,膨大交错在一起形成菌索,着生于菌托底部蔓延入土中,上粗下细,一直延伸至基质中。在自然条件下的菌丝体,一般生活在距地面 20～30 厘米深土中。

（3）菌蕾　又称菌球、菌蛋,产区俗名竹鸡蛋,为幼嫩的子实体。初期圆形或卵圆形。幼原基在覆土内形成,由菌索顶端膨大而来,逐渐变化成卵形、球形,有时密集丛生,并会重叠而现。

菌蕾生长于土层表面,根系紧连着基料中的菌索。由于种性固有特征和培养过程光照、空气的差异,红托竹荪的菌蕾呈粉红色衬紫斑;棘托竹荪幼小时白色,并长有棘毛,随着长大而消失,后期呈棕褐色、棕色。菌蕾外膜受阳光照射,由于干燥引起表皮细胞死亡,而内部细胞却继续膨胀,致使表面出现"花菇状"的鬼裂纹。

(4)子实体

①菌盖 菌盖白色或略带土黄色,表面有不规则的多角形网格,上有圆形或椭圆形小孔,整个菌盖呈圆锥形或弹头形,高2~4厘米。

②菌柄 从菌托基部起,一直贯穿到菌盖顶端。菌柄长度就是子实体长度。呈圆柱状或纺锤形,似海绵体、嫩脆、白色、中空,长10~30厘米,厚0.3~0.5厘米。纺锤形的,靠菌托的粗,直径1.5~2厘米;菌盖附近的细,直径1~1.5厘米。菌柄起支持菌盖和菌裙的作用,是最具有商品价值的部分。

③菌裙 成熟后从菌盖上面撒下,状如裙,因此叫菌裙。系白色柔软的海绵质组成,高4~20厘米,网状、白色,网眼有圆形、椭圆形或多角形,直径为0.2~1厘米。菌裙在商品学方面也很有意义,有裙的价贵,无裙的价贱。

④菌托 菌柄撑着菌盖和菌裙从竹荪球中挺立起来以后,便留下外菌膜、胶体、内菌膜和托盘,对菌柄起着支撑作用,因此这些部分统称为菌托。菌托和菌盖、菌裙、菌柄一样,营养丰富,经测定含有17种氨基酸。味道鲜美,既可食用,又可入药。

⑤菌索 菌索是组织化了的菌丝,着生于菌托底部,生长在土壤里,与菌托同色。一个竹荪菌托底部有一条或数条菌索,接近菌托部分较粗,呈索状;离菌托较远则较细,往往分化

成束(呈线状)并一直延伸到基物中(呈丝状)。菌索的主要功能是分解、吸收、贮藏和运送营养物质。

3. 竹荪的生活史怎样？

竹荪的生活史就是竹荪一生所经历的全过程。它由担孢子萌发开始,到担孢子形成为止。竹荪的形成由以下几个时期组成。

（1）**原基分化期** 此时菌丝在培养料表面形成大量菌索。菌索不断向土层蔓延,吸收土壤水分,形成瘤状凸起,即为子实体原基。

（2）**球形期** 当幼原基逐渐膨大成球状体,开始露出地面时,内部器官已分化完善,形成菌蕾。初期为卵圆形,俗称为菌蛋,也叫竹荪球,直径 3～5 厘米,白色。并逐步由小到大,且顶端表面出现细小裂纹,外菌膜于见光后开始产生色素。

（3）**卵形(桃形)期** 随着菌蕾膨大,蕾内中部的菌柄,逐渐向上生长,使顶端隆起形成卵形,裂纹增多,其余部分变得松软,菌蕾表面出现皱褶。

（4）**破口期** 菌蕾达到生理成熟后,如果湿度适合,菌蕾吸足水分,从傍晚开始,经过一个夜晚的吸水膨胀,外菌膜首先出现裂口,露出粘稠状胶体,透过胶质物可见白色内菌膜,然后菌膜撑破,露出孔口。

（5）**菌柄伸长期** 菌蕾破裂后,菌柄迅速伸长,从裂缝中首先露出的是菌盖顶部的孔口,接着出现菌盖。菌柄伸长后,菌盖内的网状菌裙开始向下露出,当高 8～9 厘米时,褶皱菌盖内的菌裙慢慢向下撒开,在内菌膜破裂后的 2.5～3 小时内,撒裙速度最快。从菌柄露出到停止伸长,需 1.5～2 小时,从菌裙露出到完全撒开,需 0.5～1 小时,总共需要 2～3 小时。

（6）**成熟自溶期**　菌柄停止伸长，菌裙撒开达到最大限度，子实体完全成熟，随后萎缩，菌裙内卷，孢子自溶。

4. 竹荪需要的外界条件是什么？

（1）**营养**　竹荪营腐生生活，需要的养料，主要是碳源，其次是氮源、无机盐和微量的维生素。碳源是竹荪最重要的营养来源，既是合成碳水化合物和氨基酸的原料，又是重要的能量来源。碳素营养都来自有机物。氮源是合成蛋白质和核酸必不可少的原料，主要有蛋白质、氨基酸、尿素、氨和铵盐等。据试验，在菌丝阶段，培养料含氮量以 0.016％～0.064％为宜。另外，竹荪生长发育需要一定量的无机盐类如磷酸二氢钾、硫酸钙、硫酸锌等。还需要一定量的维生素、生长素等营养物质。

（2）**气候条件**

①**温度**　竹荪是中温型菌类，菌丝在 5℃～29℃ 之间生长，23℃ 最适；子实体形成在 17℃～29℃ 之间，22℃ 最适。这里所说的温度是指菌丝和子实体所处的环境温度，即地下 5～20 厘米培养基的温度和子实体分化距地表 1～30 厘米处的气温。因为同一时间，不同环境的温度是不一样的。试验表明，当旷野直射光下气温是 28℃ 时，而郁蔽度在 90％ 的苦竹林中，距地面 1 米高的气温仅 25℃。地表 1 厘米处还要低，仅23℃。地下温度比地上温度更低，距地表越深，温度越低，5 厘米深处是 22℃，10 厘米深处是 21.5℃，15 厘米深处是 21℃，20 厘米深处是 20.5℃。在适温下竹荪菌丝孢外酶活力最旺盛，分解能力最强，从而吸收的养料也最充分，因而也是获得营养生长和生殖生长的重要保证。

②**湿度**　与竹荪生长发育有关的湿度包括土壤湿度、培

养料含水量和空气湿度三方面。土壤湿度和培养料含水量对竹荪生长的影响基本相同,过高,通透性差,竹荪菌丝由于缺氧也会窒息死亡。这一点正是室内栽培很难控制但又必须控制好的一个重要条件。与竹荪生长发育有关的空气相对湿度,主要是竹荪球分化发育和子实体最后形成的环境湿度,即距地表30厘米范围内的空气相对湿度。竹荪球分化和子实体最后的形成都要求高湿度环境,竹荪球分化和发育时宜有80%以上相对空气湿度,子实体最后形成要求的湿度更高,破球和出柄要求空气相对湿度达85%以上,撒裙宜需94%以上。

③空气　竹荪属好气性真菌,无论是菌丝生存的基物和土壤,还是竹荪子实体存在的空间,都必须有充分的氧气。基物或土壤中氧气充分,菌丝生长快,子实体形成也快。反之,竹荪就不能很好地生长发育,使菌丝生长缓慢甚至死亡。林间栽培无需担心地面通气,但要注意地下通气。

④光照　竹荪菌丝体生长发育不需要光照,光照甚至还会延缓菌丝的生长速度。竹荪球原基的分化也不需要光照。原基继续发育直到子实体的最后形成,都不需要多少光照。郁蔽度为90%的苦竹林中的光照,经测定在竹荪生长的7～9月内,最高照度为393.3勒,最低是82.4勒,平均是227勒。

(3)**土壤条件**　竹荪营养生长阶段即菌丝生长阶段,在没有土壤的条件下,发育仍然良好;但是到生殖阶段即竹荪分化阶段,没有土壤,竹荪球就无法形成,这可能与土壤因物理作用而产生的机械刺激,以及土壤中特别是腐殖层中含有的某些元素、微生物分泌的物质等有关。

(4)**pH 值**　竹荪长期在腐殖层和微酸的土壤中生长繁衍,形成了适宜在微酸环境下生长的特性。所以,竹荪的培养基物和覆盖培养基的土壤 pH 值要求在 6 左右,pH 值大于 7

时生长受阻。

5. 怎样制备竹荪母种？

（1）母种斜面培养基的配制 PDA 培养基：去皮马铃薯 200 克，葡萄糖 20 克，琼脂 18～20 克，水 1 000 毫升，pH 值 5～6；蛋白胨、葡萄糖、琼脂培养基：蛋白胨 10 克，葡萄糖 20 克，琼脂 18～20 克，水 1 000 毫升，pH 值 5～6；综合马铃薯培养基：去皮马铃薯 200 克，琼脂 20 克，硫酸镁 1.5 克，葡萄糖 20 克，磷酸二氢钾 3 克，维生素 B_1 1 毫克，水 1 000 毫升，pH 值 5～6。

配制 PDA 培养基及综合马铃薯培养基时，先将马铃薯去皮去芽眼，切成小薄片，称取 200 克，加水 1 000 毫升，置于洁净铝锅中烧煮。至薯块熟透，然后用事先准备好的 6～8 层纱布过滤，过滤液加水至 1 000 毫升，再加入其他组分，烧煮并不断搅拌，使琼脂溶化，最后调节 pH 值到 5～6。配制蛋白胨、葡萄糖、琼脂培养基时，可将各种成分配好后直接烧煮，并测定调节至 pH 值符合要求。

将配好的培养基，分装试管，装入量为试管的 1/4。装入后塞上棉塞，每 10～20 支扎为一捆，用油纸包好管口棉塞，然后灭菌。一般宜用高压灭菌法，在压力 $1.47×10^5$ 帕、温度 121.5℃下保持 30 分钟。然后切断火源或电源，慢慢放气，或让压力自行下降至零，打开排气阀，揭开锅盖，数分钟后，趁热将试管斜放使培养基形成斜面。斜放时，斜面为试管长度的 1/3，冷却后即成。每批经灭菌的斜面培养基，宜抽取 3～5 支，在 25℃～30℃的恒温箱中培养 3 天，若斜面没有杂菌发生，说明灭菌彻底，可用于接种。

配制母种斜面培养基其他的配方有：玉米粉 60 克、蔗糖

10 克、琼脂 20 克、硫酸镁 0.5 克、水 1 000 毫升,pH 值为 5.5～6。鲜竹根 100 克、鲜蕨根 100 克、葡萄糖 10 克、磷酸二氢钾 0.6 克、维生素 B_1 0.1 克、水 1 000 毫升,pH 值 5.5～6。鲜松针 36 克、马铃薯 250 克、葡萄糖 25 克、琼脂 20 克、磷酸二氢钾 3 克、蛋白胨 3 克、水 1 000 毫升,pH 值自然。黄豆芽浸汁 500 毫升,蔗糖 20 克、硫酸镁 0.5 克、蛋白胨 5 克,维生素 B_1 100 克、琼脂 18 克、水补足 1 000 毫升,pH 值自然。

(2)斜面母种的制作

①孢子分离法 取健壮、无病虫害、无伤口的大型菌蛋,趁其即将裂口之际拣出,用清水洗净表面杂物,在接种室(箱)中用 0.2% 升汞液浸洗 3～5 分钟,再用无菌水漂洗数次。然后装在事先经消毒的弹簧圈上,一起装入培养器或玻璃杯内,置于大型培养器中,上盖钟形玻璃罩,再一起放入 20℃～25℃的培养箱中培养。当钟罩内的菌蛋破蕾成熟,孢子胶体自溶为液滴时,搬入接种室(箱),将孢子液用无菌水稀释,注入斜面试管培养基上,放在 20℃～25℃下培养,经纯化转管,即得纯母种。用此法制作母种,孢子萌发率较低,萌发慢,菌丝长满管的时间长。

②菌丝体分离法 取两端有节、表面布满竹荪菌丝的地下竹根数节,洗净后带入接种室(箱),用 0.2% 的升汞液消毒,然后用无菌水洗涤数次,吸干表面水分。用无菌接种刀削去外壳,从内壁削出带有菌丝的薄片,切成 0.5 厘米见方的块,接入斜面试管培养基上,在 15℃～25℃下培养,纯化转管即得母种。

③子实体组织分离法 选取健壮、无病虫害、无伤口尚未破口的大型菌蛋,用清水洗净表面杂物,在接种室(箱)内用 0.2% 升汞水浸洗 3～5 分钟,再用无菌水冲洗数次,然后放入

置于搪瓷盘内的培养皿中。所有器皿必须事先消毒,整个操作均应在无菌条件下进行。再用无菌接种刀把菌蛋切成 1 厘米×1.5 厘米的小块,然后用无菌接种针接入斜面培养基上,每试管一块。在 20℃～25℃下培养,便可得到母种。用此法制备母种,菌丝萌发快,技术易掌握。

上述方法得到的母种,一般应纯化转管,次数以 2～3 次为宜。操作应严格无菌,将原母种琼脂切成小块,一支 25 毫米×200 毫米的试管,可转接 30～40 支斜面培养基试管。接种时,菌丝面向上,琼脂面在下,贴好标签,在 20℃～25℃下培养,20～35 天菌丝即可布满整个斜面,经纯化转管的母种,再制作原种和栽培种。

6. 竹荪原种和栽培种如何制作?

(1)培养料 竹荪原种和栽培种的制作方法基本相同,配方亦相似。目前常用配方有以下几种:

①碎竹菌种 将竹类破碎成 1～2 厘米小块,用 2% 的糖水浸泡 24 小时,装入菌种瓶,并加入 2% 糖水至瓶高的 1/5 处,塞上棉塞,高压灭菌 1 小时或常压灭菌 6～8 小时。冷却后接入母种或原种,放入 15℃～25℃下培养,经 50～90 天菌丝即发满全瓶。

②碎竹、枯枝、腐土菌种 按碎竹 60%、枯枝 20%、腐土 20% 的比例,将含水量调至 60%,照上法同样装瓶、灭菌、接种、培养。

③碎竹、木屑、米糠菌种 碎竹 34%,木屑 33%,米糠 33%,制作方法同上。

④木屑、米糠菌种 杂木屑 73%,米糠 25%,蔗糖 1%,石膏粉 1%,另加硫酸镁 0.1%,水适量,调节 pH 值达 5.5～

6,制作方法同上。

⑤棉籽壳、杂木屑、棉秆、麦麸菌种 棉籽壳 40%、杂木屑 20%、棉秆 20%、麦麸 18%、蔗糖 1%、碳酸钙 1%,另加磷酸二氢钾 0.2%,料水比 1:1.5～1.6,pH 值灭菌前 6.5～7。

⑥甘蔗渣、杂木屑、米糠培养基 甘蔗渣 50%、杂木屑 28%、米糠 20%、石膏粉 1.5%、硫酸镁 0.1%、尿素 0.2%、磷酸二氢钾 0.2%,料水比 1:1.5～1.85,pH 值灭菌前 6.5～7。

⑦杂木枝条、豆秸粉、麦麸培养基 杂木枝条 60%、豆秸粉 14%、麦麸 23%、蔗糖 1.2%、磷酸二氢钾 0.2%、石膏粉 1.5%、硫酸镁 0.1%、料水比 1:1.3,pH 值灭菌前 6.5～7。

⑧麦粒培养基 麦粒 98%、碳酸钙 1%、石膏粉 1%、料水比 1:1.3,含水量 65%～70%,pH 值灭菌前 6.5～7。

(2)培养和保存 接好的菌种,应在 15℃～25℃下培养。在菌种培养阶段,要经常检查菌种的生长情况。一般每 2 天检查 1 次,发现菌种有红、绿、黑、黄等杂菌时,应及时拿出室外处理。菌种检查进行至菌丝伸到瓶的 1/3 为止。在培养阶段,光线要控制较暗。菌丝长满全瓶后,应放在温度较低的室内,以免菌丝较早老化。

获得珍贵的竹荪菌种不易,一旦培养好后,就应及时用于扩接和生产。如需要保存,可把菌种瓶用牛皮纸包扎好后置 4℃～12℃下保存,可保存半年。栽培种如暂不使用,要放在阴凉、干燥、通风、光线暗的地方。

菌种如需较长期保存,可保存母种,最简便的是采用低温保藏法,即将发到斜面 2/3 的母种包好后放入冰箱中贮存,温度可控制在 4℃～6℃。

7. 怎样进行竹荪开放式制栽培种？

（1）**培养料配方** 木屑 78%，麸皮（米糠）20%、石膏、磷肥各 1%；锯木屑 25%、杂木块 25%（4 厘米×3 厘米×2 厘米）、竹屑 28%、麸皮（米糠）20%、石膏和磷肥各 1%；棉籽壳99%，石膏 1%。

（2）**培养料配制** 任选以上配方一种，按常规法进行配制，使培养料的含水量达 60%～65%，即手捏指缝有水而不滴水。加用微肥 8 000 倍或料重的 0.0001%～0.001%。用筐或袋随意装不填压，常压灭菌 100℃维持 4 小时焖一夜，高压灭菌 121℃～126℃ 2 小时焖一夜。

（3）**制种方法** 小规模可用固体原种直接点播，大规模可用液体母种直播。

①场地选择整理 选避风、近水源、无白蚁的菜园或房前屋后作为场地，场地周围按常规杀虫和用石灰水消毒。

②铺料接种 在直径 1 米左右的一个圆，铺料厚 8～10 厘米，先在 0.5 米圆采用 15 厘米×15 厘米穴播核桃大菌块，待菌丝长出料面再进行覆料，所备料可直接堆在菌种场边。播后盖上草包（或野茅草），下大雨要覆盖农膜，场地四周要易排水，以防大雨冲刷菌丝，天晴要揭去农膜。如遇雨水冲刷或牲畜为害，菌丝会出现紫色，这是菌丝受伤后的自然现象，可覆少量培养料几天后可恢复（不能覆盖）。播种量每平方米500～750 克，在气温适宜条件下 30 多天菌种即可长好，就可取种进行大床播种。可根据播期提前 30～35 天制种。若是打算在第二年 1～2 月播种因当时气温低，要提前 2 个多月并要采取保温措施培育。

（4）**菌种使用** 可沿边缘挖起菌种进行大田直播，再在挖去菌种处填上备好的新料,待菌丝长过新料又可再挖取用于播种,若暂时不需要播种可压缩覆料。这样既可保证菌种的菌龄和数量,又可保证菌种的质量。若不需要菌种,菌龄已在2个月以上可进行覆土让其出竹荪。

(5)**菌种质量**　此法由于较常规方法创造了良好的通气条件,所以无污染现象。在质量上是传统方法不能比拟的。此法用生料也可制种,但菌种质量不及熟料。

8. 怎样鉴别竹荪菌种的优劣?

(1)**直接观察**　对引进的菌种,首先用肉眼观察包装是否合乎要求,即棉塞有无松动,试管、玻璃瓶或塑料袋有无破损,棉塞和管、瓶或袋中有无病虫侵染;菌丝色泽是否正常,有无发生老化,然后在瓶塞边做深吸气,闻其是否具该菌种特有的香味。

(2)**显微镜检查**　在载玻片上放一点蒸馏水,然后挑取少许菌丝置水滴上,盖好载玻片,置于显微镜下观察,载玻片也可通过普通染色进行镜检,若菌丝透明,呈分枝状,有横隔,锁状连合明显,则可认为是合格菌种。

(3)**观测菌丝长速**　将菌种接入新配制的试管斜面培养基上,置最适宜的温、湿度条件下进行培养。如果菌丝生长迅速,整齐浓密,健壮有力,则表明是优良菌种;若菌丝生长缓慢,或长速特快,稀疏无力,参差不齐,易于衰老,则表明是劣质菌种。

(4)**吃料能力鉴定**　将菌种接入最佳配方的培养料中,置适宜条件下培养,1周后观察菌丝的生长情况。如果菌种块能很快萌发,并迅速向四周和培养料中生长伸展,则说明该菌种的吃料能力强;反之,菌种块萌发后生长缓慢,迟迟不向四周和料层深处伸展,则表明该菌种对培养料的适应能力差。对菌种吃料能力的测定,不仅用于对菌种本身的考核,同时还可以作为对培养料选择的一种手段。

（5）**出菇试验**　经以上几个方面的考核后,认为是优良菌种,则可进行扩大转管,然后取出一部分母种用于出菇试验,以鉴定母种的实际生产能力。出菇试验常用的方法有瓶栽法和压块法两种,每个菌株要设四个重复,以避免试验的偶然性。

9. 怎样处理栽培竹荪的原料?

（1）原料选择

①**竹类**　我国是盛产竹子的国家,竹林面积和数量居世界首位。无论热带、亚热带、温带均有分布。竹子属于禾本科植物,全国有 26 属近 300 种,贵州、云南、四川、福建、江西、浙江、安徽、江苏等南方 15 省均有自然生长和种植。就以福建而言,竹林面积达 53.3 万公顷。竹林需要更新,每年均有采伐大量的老龄竹,病、弱、劣竹。如毛竹每 667 平方米年产竹材1 500～2 000 千克。这为竹荪生产提供了充足的原料。用于栽培竹荪的种类,不论大小、新旧、生死竹子的根、茎、枝叶以及竹器加工的下脚料,竹屑、竹白、竹绒等均可利用。

②**树木类**　我国适合栽培竹荪的树种,据不完全统计约有 200 多种。总的来说,除了含有杀菌和松脂酸、精油、醇、醚以及芳香性物质的树种,如松、杉、柏、樟、洋槐等不适用外,一般以材质坚实、边材发达的阔叶树为理想。由于各种树木的营养成分不同,为了适应竹荪生物特性的需要,应尽量提供适宜的原料,以求得早出菇,获高产。适宜栽培的竹荪树木有 12 科属 66 种。

③秸秆类　农作物秸秆资源丰富,除稻草、麦秆外,其他均可做栽培竹荪的原料。常用的如棉秆、棉籽壳、玉米秆、玉米芯、木薯秆、葵花秆、葵花籽壳、黄麻秸、花生茎、花生壳、地瓜秧、油菜秆以及甘蔗渣等。秸秆充分利用,变废为宝,大有作为,值得提倡。现介绍几种主要的秸秆原料:

棉籽壳:又叫棉籽皮,是最理想的代料。棉籽壳含氮1.5%、磷0.66%、钾1.2%、纤维素37%~48%、木质素29%~42%。尤其是棉籽壳的蛋白质含量达17.6%,其营养成分高,质地坚硬,有利于菌丝逐步分解利用。而且本身pH值较高,即呈碱性,在碱性条件下,可以抑制霉菌的生长,减少杂菌的危害。棉籽壳必须选择无霉烂、无结块、未被雨水淋湿的。当年收集,常年利用。贮藏和运输过程中,应防止因高温而自然燃烧。栽培时可与其他原料配合使用。

玉米芯:含有粗蛋白3.4%,粗脂肪0.8%,粗纤维33.4%。玉米在我国南北各省均有种植,而以北方盛产。玉米芯是栽培竹荪的代料之一。玉米芯含有丰富的纤维素、蛋白质、脂肪及矿物质等营养成分,适于栽培竹荪。要求晒干,栽培时将其切片状,否则会影响培养料通气,造成发菌不良。

大豆秸:南北各省均有此资源,营养极为丰富,含粗蛋白质13.5%,比玉米秆、高粱秆高3倍,还含有粗脂肪2.4%、粗纤维28.7%、钙1.4%、磷0.36%,营养全面,是农作物秸秆中最为理想的原料。

甘蔗渣:资源十分丰富,仅广西榨季加工甘蔗可排放蔗渣100万吨。福建省每年提供蔗渣70%拌以杂木片30%栽培竹荪,每平方米当年收成竹荪干品300克。用甘蔗渣做原料,必须选择新鲜色白、无发酵酸味、无霉变的。一般应取用糖厂刚榨过的新鲜蔗渣,并要及时晒干,贮藏备用,防止堆放结块、发黑变质。

④野草类　许多野草都含有食用菌生长所需的营养成分，可以用来栽培竹荪。常见的有类芦、芒萁、芦苇、斑茅、五节芒等 10 多种，其中芦苇纤维细长，营养丰富，栽培竹荪现蕾快，当年产量高，是取之不尽的好原料。

（2）原料处理

①晒干　用做栽培竹荪的原料，不论是竹类或是木类、野草和秸秆类，均要晒干。因为新鲜的竹、木类，本身含有生物碱，经过晒干，使材质内活组织破坏、死亡，同时生物碱也得到挥发消退。一些栽培者由于晒干这一环节没有做到，把砍下来的竹木，切片后就用于栽培，结果菌丝无法定植。主要生物碱起阻碍菌丝生长的作用，这是失败的教训。

②切破　原料的切断与破裂，主要是破坏其整体，使植物活组织易死，经切破的原料容易被菌丝分解吸收其养分。切破办法：一是采用刀斧手工，把木材劈成小薄片，竹类或树木枝丫切成 5～6 厘米长的小段。竹类可采用整根平铺于公路上，让拖拉机或汽车来回碾压，使其破裂，就不必再切断。二是采用机械切片。木材切片机每台每小时可切片 1 000 千克。大面积生产必备此机。常用的有 MG-600 型、700 型、800 型和 900型 4 种型号。配套动力为 13～15 瓦电动机或 S195 马力柴油机，选购时，可根据当地木材资源状况而定。树木身材粗的林区，可选购 MG-800 型或 900 型，树木口径为 12～15 厘米及仅能提供枝丫的地区，选购 MG-600 或 700 型的木材切片机为好。

③浸泡　原料浸泡通常采用碱化法和药浸法。碱化法：把整个竹类放入池中，木片或其他碎料可用麻袋、编织袋装好放入池内，再按每 100 千克料加入 0.3%～0.5% 的石灰，以水

淹没料为度,浸泡24~48小时,起到消毒杀菌作用。滤后用清水反复冲洗,直至 pH 值 7 以下,捞起沥至含水量 60%~70%,就可用于生产。药浸法:将原料浸入 1‰ 的多菌灵(50% 标号)或 0.5% 甲津托布津水溶液中,浸泡 3~4 天,直至没有白心为止。多菌灵不能与石灰同用,以免反应失效。采用蔗渣、棉籽壳、玉米壳等秸秆类栽培,可采用上述比例的石灰水泼进料中,焖 2~8 小时,即可使用。

④发酵法　将各种原料与牛、马粪按 6:4 比例配制。先将原料浸水 4~5 天,堆制时,一层料一层牛、马粪,堆高 120 厘米,堆成半圆形,浇透水,用稀泥糊涂在外表保温,并用竹竿在堆上戳些小孔透气。料堆中心温度要求保持在 65℃~70℃,每隔 10 天翻堆 1 次,堆 30~40 天便可。发酵好的原料应成褐色,无臭味,稍用力即可折断。这种发酵料即可用做原种培养料,也可用做栽培料。

10. 竹荪生料室内速生高产法如何进行?

(1)菇房设置　选择朝南、通风、干燥的房间作为菇房,旧房可用石灰水粉刷墙壁。室内设木架菇床 4~5 层,床宽 80~90 厘米,层距 70 厘米,四周挡板高 30~40 厘米。床架用波尔多液喷洒或用甲醛熏蒸消毒,闭窗 24 小时后使用。

(2)原料处理　将废竹料或小杂木切成 3~4 厘米的小段置于水中浸泡,并按 0.1% 比例投入 50% 标号的多菌灵或 0.5% 托布津溶液,也可以用 10% 石灰水浸泡。浸泡时间春季 4~5 天,夏、秋季 2 天。捞起后清水冲洗,再投入清水,浸至发酸有臭味时捞起滤干,pH 值为 7~8。此外还应备含沙量 50% 偏酸性的覆土,按每立方米土用 500 毫升的甲醛消毒,盖膜 24 小时,掀开后反复松土,散发药味后备用。

（3）**上料播种**　菇床先铺薄膜，打几个排水小孔，接着铺一层厚5厘米的腐殖土，再把已处理好的培养料铺于菇床上，厚度2厘米，密集排列，压平压实料面再播入竹荪菌种，点播或撒播均可，播点要均匀。按同法再铺料和播种，用料和播种量比第一层增加2倍，最后再铺一层少量料盖住菌种即可。用料量每平方米5千克，菌种3～5瓶。用种量多成功率高，出菇快。接种后覆盖茅草保温、保湿、遮荫、避光以利发菌。

（4）**科学管理**　接种后经6～10天发菌，待菌丝爬上料面时，进行第一次覆土。当菌丝布满土层后，再进行1次覆土，两次覆土不超过5厘米厚。上面用松针、竹木叶盖面，每平方米用土7千克。菌丝生长阶段经常喷水，料土湿度60%～70%为宜，温度控制在20℃～25℃为好，低于10℃或高于30℃时，要采取升温或降温措施。经30天的培育，菌丝长满基料，并出现扭结，菌索前端出现球形白点原基时，以料内含水量70%～75%、空气相对湿度达85%为宜。菌球达到发育期，温度掌握在18℃～28℃，湿度保持95%，并注意给以适当散光和通风，可促使菌种球加快破壳及子实体生长。

11. 竹荪代料室外高产栽培法如何进行？

（1）**场所选择与整理**　要选择阴湿、背风的场地，林地、果园地均可。场所要求水源方便，病虫害少。四周最好用茅草围住挡风，有利保湿。若是空地，上方要盖茅草棚遮光，达到"二阳八阴"的环境。整理场所方法：除去石块及草根等杂物，然后在场所内外喷0.2%敌敌畏和5%福尔马林。过5～6天整理基土，做成宽1米左右的畦，使其中间高两边稍低，以利排水，畦高5厘米，长度不限。

（2）**原料选择与配方**　选用玉米秆、麻秆、蔗渣、木屑、芦苇等。使用前原料要经过暴晒1～2天,晒时要上下翻动,长条原料需切成小段,长度5～10厘米。然后浸清水24～36小时,水中加尿素0.1%,若用石灰水浸原料,要用清水冲洗至pH值5～6。蔗渣、木屑加些辅料(如碳酸钙等)拌匀,含水量达70%,手捏培养料指缝有水即可。其配方可选用:①麻秆70%、蔗渣20%、木屑8%、石膏1%、尿素0.03%;②玉米秆80%、蔗渣10%、木屑8%～10%、碳酸钙0.3%、尿素0.02%;③芦苇60%、蔗叶20%、蔗渣10%、木屑8%、石膏1%、尿素0.04%。

(3)**铺料播种** 将原料铺在畦上,宽度比畦小15～20厘米,料高15～20厘米,料面呈弧形,然后播下菌种,每平方米用2瓶菌种,点播、条播均可。接着再铺上一层蔗渣与木屑等混合物,厚度1厘米左右,最后盖上薄膜保温、保湿。薄膜上再盖些草遮光,保温。保持温度25℃～32℃,60天左右菌丝即可走透培养料。

(4)**管理方法** 竹荪从播下菌种至培养料走满菌丝,这阶段在后期每隔2天,早上要打开薄膜通风1次,每次半小时。或在薄膜上刺孔,孔距10厘米×10厘米。菌丝走透培养料后,打开薄膜通风2～4小时,待料面水珠干后,喷1次促菇液G(福建农大有售,每包重6克加清水1升,喷4平方米面积)。然后覆土,厚度2～3厘米。土质要求是颗粒状,孔隙度大,偏酸性,含腐殖质高的砂壤土(菜园土、河泥土均可)。覆土后再盖薄膜经7天左右,菌丝就会爬上土面。此时去掉薄膜,再喷促菇液G1～2次,用量同上,间隔5天。这样能促进菌丝由营养生长转入生殖生长,菌束尽快扭结形成菌蛋。下种后80～120天,如果没有下雨,要人工淋水,保持畦面土壤潮湿,即可出现菌蕾。此时每天需喷雾状水,晴天3～4次,阴天1～

2次,保持空间相对湿度达到95%左右。菌蕾期若喷促菇液G能提早成熟,并能提高产量10%～20%。出菇期除了注意湿度外,还必须做好防治虫害如蛞蝓、金龟子等工作。

12. 竹荪熟料室外高产栽培法如何进行?

采用这项技术,可使每667平方米1次采收竹荪干品30千克,收入万余元。

(1)场地选择 竹荪的栽培季节是秋、冬两季。栽培场地必须背风阴凉,无阳光直射。菇场若有直射阳光,则必须搭荫棚,棚高1.5～2米。土质要求肥沃、疏松、透气、透水性良好,呈偏酸性。栽培场地要求有坡度,以利泄水。

(2)原料及配制 竹荪可广泛利用草秆、玉米秆、甘蔗渣、棉籽壳、各类杂木屑等纤维素材料进行栽培。但以经过堆制的竹鞭、竹根、竹片以及竹类加工下脚料为最好,要求不腐熟过度。所用原料要求晒干后存放。为改善营养条件,配料时需添加适量蔗糖、尿素、磷酸二氢钾、过磷酸钙、松针粉等。配置方法:取混合培养料5～8千克,加水45～50升煮沸;后捞出、沥干。在沸水中投入蔗糖2千克、尿素0.25千克、磷酸二氢钾0.1千克、过磷酸钙0.5千克、熟石膏粉0.5千克,拌匀,待其溶化后,将煮过的混合培养料分批投入其中,煮5～10分钟后捞起、沥干备用。

(3)播种方法 在选好的场地上做菌床,床宽1.5～1.7米。先将床面表层泥土扒开,深挖12～15厘米,然后铺料。底层铺放竹块,放入一层煮过加入辅料的培养料,撒一层少量泥土,如此连放三层,中间都播菌种。一层薄竹叶,竹叶上再盖一层少量松针。将表土培于菌床两侧成龟背形。以便利水发菌。

(4)管理要求 湿度初期控制在60%～75%,如遇大雨,要及时用薄膜覆盖;如久晴无雨,则需要人工喷水保湿。播种后 2～3 个月,选晴天在床面上覆盖细土,厚约 1 厘米,以促进菌蕾形成,有利于子实体生长发育。

竹荪菌丝活性弱、生长缓慢,既不耐水,也不耐旱,故应在床畦边开设排水沟,遇有风雨干旱,应加以遮盖或灌水,以利防旱保湿。播种后的前期发菌管理,主要是控制温度偏高和畦内料温增升,防止高温烧菌,可结合早、晚通风和利用排水沟蓄水的办法来降低床畦温度。后期管理则主要是增加光照和灌水次数,拉大昼夜温差以利诱光和变温激励催菇。冬季灌水半月 1 次,春季灌水 1 周 1 次,夏季灌水较少,如遇梅雨季节还要注意排水。灌水的水势要稳,防止冲散床畦覆土层。如属林地或菜园、大田的脱袋栽培,一般应掌握在覆土 10 天以后灌水,保持土壤经常湿润,防止外湿内干,影响出荪。覆土约两个月后,开始出现大量幼小菌蕾。这时要适当提高土壤含水量达 70%,10 天后继续增加土壤湿度 75%和空气湿度 85%以上,每天轻泼水 2～3 次,当菌蕾长到鸡蛋大小,顶端凸起呈尖嘴状则次日清晨将破壳放裙,此时空气湿度以 95%为最好,几小时后,即可采收竹荪。

13. 竹荪野外荫棚畦床栽培法如何进行?

竹荪野外畦床栽培,是仿照香菇野外田栽法进行的,是现阶段较为广泛理想的栽培形式。

(1)场地整理 野生竹荪多生长于潮湿、凉爽、土壤肥沃的竹林或阔叶林地上。人工栽培时,就要模仿它的生活习性来选择场地,人为地创造适宜的环境条件,来满足其生长的需要。

①选择场地 栽培场地应选择山坡脚下或半山斜坡,坡

向朝东,郁闭度 0.7 的竹林或阔叶林地,腐殖层厚,土壤肥沃,呈弱酸性砂质轻壤土,pH 值 6~6.5,靠近水源,排水良好,无白蚂蚁窝及虫害的场地最为理想。除此以外,还可充分利用房前屋后的空闲地,瓜果棚下、旱地、田地等作栽培场。搭盖遮荫棚防止阳光直晒,旱地要引进水源。如果其他条件适宜,土质不肥,可另取肥沃腐殖层高的竹木林表土或菜园土、塘泥等作为铺底土和覆盖土壤。人为地创造适宜的环境条件。

②整理畦床 先剔去山地中的石头,铲除杂草,若冬闲田栽培,应挖去稻根,把场地整平,开好排水沟,整理畦床。床宽1~1.3 米,长度视场地而定,一般以 10~15 米为好,若太长,不仅操作不便,而且对气流和保湿均不适宜。床间设人行通道,宽 40 厘米;畦床高要距畦沟底 25~30 厘米。整畦时,先把床内表层土壤挖深 4~6 厘米,向两边堆积,过筛留做覆土;再挖深 10 厘米,让阳光晒至白色土壤分化后,打碎整平做畦。畦床要整成龟背形,即中间高、四周低;畦沟人行道要两头倾斜,防止积水。

③消毒杀虫 畦床内外用 0.5% 敌敌畏或波尔多液等喷洒,或在四周撒石灰粉消毒杀虫。也可按每平方米用 0.2 千克的茶籽饼,浸水喷洒,杀死蚯蚓和蜗牛;林地、旱地栽培要注意防止白蚁,可在畦床上和菇场四周,喷施灭蚂蚁的呋喃丹农药。

(2)荫棚搭盖 野外菇场由于阳光直接照射,会引起水分蒸发,为了防止日光曝晒,必须在上面建造遮荫棚。材料可就地取材,用竹竿、木棍做骨架,铁丝捆扎牢固。棚顶铺设不易落叶的杉树枝或高粱秆、芦苇、茅草、芒萁草等均可。在春季四周可种植瓜果、葡萄等,使其藤叶蔓延到棚架旁边和架顶上,达到遮荫的效果。棚架一般要比人高些,2~2.2 米为宜。支柱要打牢固,防止大风和积雪侵害,造成倒塌。四周要围篱笆、挂草帘,御寒防风,防止禽兽侵入。场地最好选择在避风的地方。如果场地朝北,北向的篱笆、草帘就要挂得密些,防止北风袭击。荫棚一般要"三分阳七分阴,花花阳光照得进"。山区日照短,秋季播种可暂时不遮荫,让阳光透进增加温度,促进菌丝加快增殖;到春暖时再盖遮荫物,保护出菇。平原日照长,气温高,秋、冬"五阳五阴"发菌;夏季"二阳八阴",避免光照过强,水分蒸发,造成缺水性萎蕾。光对菌丝发育和菌蕾生长有直接关系,必须注意掌握。

(3)堆料播种 目前堆料播种方法有3种形式,即畦床式栽培、一沟两埂式栽培、沟埂间隔式栽培,其中常用的是畦床式栽培。栽培前先把原料配比好。单一原料或多种混和料,均可用来栽培竹荪。竹木混合料不仅当年产量高,可连产2～3年。芦苇出菇快,当年产量高。配比时注意:竹木草三结合,粗细长短搭配好。常用配方有:杂木片50%、竹类40%、豆秆或芦苇10%;竹类50%、杂木片30%、芦苇20%;芦苇50%、杂木片35%、竹类15%;甘蔗渣50%、竹类或花生壳25%、杂木片14%、豆秆10%、过磷酸钙1%;棉籽壳40%、棉花秆或高粱秆40%、豆秆或玉米芯19%、石膏粉1%;芒萁40%、杂木片35%、竹类24%、过磷酸钙1%;葵花籽壳45%、玉米芯25%、棉花秆或葵花秆30%;黄麻秆35%、黄豆秆25%、木片20%、花生壳19%、复合肥0.6%;菌糠70%、杂木片18%、豆秆10%、过磷酸钙和石膏粉各1%。

①畦床式栽培 其堆料播种分为三层料夹二层种和二层料夹一层种,两种方法均可。培养料含水量掌握在65%～70%之间,通常为竹料从水中捞起稍凉即可使用,木片等碎料从水中捞起,让水从袋边流至不成串为适。堆料时从地面畦床

起,第一层 5 厘米,第二层 10 厘米,第三层 5 厘米,整个培养料厚度为 20 厘米。采取每堆一层料后,在料面播一层种。菌种点播或撒播均可。其中第二层培养料、菌种量要比第一层增加一倍,全部用料和菌种量每平方米培养料 25 千克,菌种 5 瓶,料与种的比例为 5∶1。播种与堆料两道工序要密切配合,做到一边堆料,料与种脱节,势必造成菌种干燥,菌丝萌发定植也困难。因此必须两环紧扣。如果堆料后播种来不及,可用薄膜把料罩紧保湿,避免水分蒸发。堆料播种后,在畦床表面覆盖一层 3 厘米厚的腐殖土,腐殖土的含水量以 18% 为宜。覆土不但起着改变培养基水分和通气条件的作用,而且土层中各种微生物的活动,可能也有利于子实体的生长。但土质好坏,与竹荪菌丝生长、菌索形成、出蕾快慢、直至产量,都有直接关系。其中腐殖土出菇最快,产量最高;菜园土次之,塘泥土较差,黄壤土最差。为此覆土的土质要求既要肥沃,又要疏松透气,保水性能好。以竹木和林木中的表层腐殖土最好,应剔除土中的石块、粗粒及树根。按每立方米体积用甲醛 75 毫升,均匀地喷洒在腐殖土内,盖上地膜焖 2～3 天,然后揭去薄膜将土扒散,使药味散失,1 周后即可使用。一般菜地和稻田表土也可用覆盖土,覆土也可用掺入部分带土的稻根或草皮烧成的土肥,更有利于菌索的伸展粗壮。覆土如果太厚,出菇慢;如果太薄,菌索根基不牢,子实体易于倾斜。覆土后加覆盖物,保温保湿。覆盖物可用竹叶或芦苇切成小段,在干燥时可以防止水分散失,另外还可避免喷水引起覆土板结,提供菌索形成原基时的营养成分,有利于分化成菌蕾。覆盖物不宜过厚,厚了影响菌蕾形成。播种后用竹条扦插于畦床两边,拱成弧形,用做罩膜架,每隔 1 米插 1 条。然后把薄膜罩紧,起到保温保湿和调节通风的作用。另一种畦床堆料播种法是把整根小杂竹通过汽车或拖拉机碾压破裂,经过浸泡处理后,把竹条沿着畦床方向铺排一层,以遮蔽土层即可。在竹条上面堆放 6 厘米厚的杂木片,接着播一层菌种,再堆放一层 6～8 厘米厚的杂木片,然后进行覆土。形成二料一种,或者三料二种播种法,最后薄膜覆盖,保温保湿。

②一沟两埂式栽培 是沿着畦床方向,在床面中间挖一条宽 90 厘米的低凹畦床,用于堆放培养料。畦床深 25～30 厘米。挖出的泥土堆积两边成田埂式,埂宽 20 厘米,长度直至两头。培养料堆放在床内,接种方法为三料二种,上面覆盖腐殖土,方法同畦床式栽培。但在料面中间 30 厘米位置的覆土要比两边薄些,以利透气。这种栽培法,在中后期于出荪后培养料养分不足时,可在沟床内增料;同时两边有田埂,适合山区越冬保温,越夏时也会调节温度,免于高温。

③沟埂间隔式栽培 即按照畦床宽 1.3 米,沿着横向每隔 25～30 厘米挖沟一条,沟宽 40 厘米,深 25 厘米,埂宽 25 厘米,沟中填培养料,接种方法按畦床式栽培。

(4)发菌培养

①通风换气 播种后保持每天上午揭膜通风 1 次,时间半小时。春播后至夏季,气温转高,早晚揭膜通风各 1 次,使畦床内空气新鲜。通风不良,罩膜内二氧化碳浓度过高,会引起菌丝萎枯变黄、衰竭,影响正常生长。越冬期选择晴天中午揭膜通风,减少通风量。

②保持湿度 菌丝发育期由于培养基内固有的含水量,足够菌丝生长所需,所以一般不必喷水。薄膜内相对湿度保持 85%,即盖膜内呈现雾状,并挂满水珠为适。若气候干燥或温度偏高,表面覆盖物干燥或覆土发白,就应及时喷水,以免因培养基干燥而影响菌丝萌发生长。前期喷水宜少不宜多。若

过湿,易导致菌丝霉烂。

③控温发菌　竹荪菌种的温型不同,发菌期温度要求也不一样。中低温型的长裙、短裙和红托竹荪,要求20℃～24℃较为适合菌丝生长。高温型棘托竹荪则要求25℃～32℃。秋末播种气温低,可采取罩紧盖膜并缩短通风时间,同时拉稀荫棚覆盖物,引光增温,促进菌丝加快发育;若初夏播种气温高,注意早晚揭膜通风,并加厚荫棚覆盖物,防止因温度过高培养基内水分蒸发,影响菌丝正常生长。

④检查定植　堆料播种10天左右,可抽样检查菌丝是否萌发定植。正常时菌种块白色绒毛状,菌丝已萌发0.6～1厘米。如果菌种块白色,菌丝不明显、且变黑,闻有臭味,说明菌种已发霉,不能萌发,就要及时补播菌种。菌丝生长阶段,一般不要轻易翻动基料和覆土及盖面竹叶,以免扯断菌丝,毁坏菌索与原基,而影响竹荪生产。

（5）出菇管理

①灵活掌握喷水　水分是竹荪菌蕾生长发育到子实体形成的生命能源。出菇期培养基含水量以60%为适,覆土含水量不低20%。注意罩紧畦床上的薄膜,以保持空间相对湿度。根据菌蕾生长不同阶段,采取不同形式、不同层次的科学喷水。菌蕾形成期每天喷水1次,实行喷雾,即喷雾器喷口向空间喷洒,使其形成雾状,增加空间湿度。喷后罩紧盖膜,要求空气相对湿度85%为好。

②感观测定　畦床罩膜内呈雾状,并挂满水珠。若水珠明显下滴、且量多,表明已达90%以上,应揭膜通风30分钟,防止湿度过大引起烂蕾。夏季气温常常高过35℃时,需加厚荫棚遮盖物,防止水分蒸发。菌蕾生长期蕾体由小到大长成球状时,水分要求逐日增多,必须早晚各喷水1次,保持相对湿度

不低于 90%。

③湿度测定　罩膜内雾状明显,水珠往两边溜滴。湿度适宜,菌蕾加快生长;湿度不够,覆土干燥,菌蕾生长缓慢,表面龟裂纹显露。如果畦内基料水分不足,会出现萎蕾,就要增加喷水次数,每天早晚各 1 次,并保持空气新鲜,但要防止喷水过量。水分偏高,则会引起烂蕾。可采取揭膜通风,排除过多的湿度后再罩膜。抽柄撒裙期 3～4 天内,菌蕾膨大逐渐出现顶端凸起,继之在短时间内破口,很快抽柄撒裙。此阶段水分要求较高,每天早晚喷水 1 次,喷水量增加,要求相对湿度不低于 95%。

④外观测定　罩膜内水珠不仅向两边流淌,而且可看到中间垂滴为度。此阶段水分不足,抽柄缓慢,时间拖延,而且菌裙悬于柄边,久久难垂,甚至粘连。可采取喷重水 1 次,罩紧薄膜,经 1 小时后即可撒裙。

⑤科学喷水要求"四看"　即一看盖面物,竹叶或草秆变干时,就要喷水;二看覆土,覆土发白,要多喷、勤喷;三看菌蕾,菌蕾小、轻喷、雾喷,菌蕾大多喷、重喷;四看天气,晴天、干燥天水蒸发量大多喷,阴雨天不喷。这样才确保长好蕾,出好菇,朵形美。

⑥创造最佳温度　竹荪菌种温型不同,出菇中心温度也有别,应根据种性要求,创造最佳温度。红托、长裙、短裙竹荪均属中低温型品种,出菇中心温度要达到 20℃～25℃,最高不超过 30℃。其自然气温出菇期只能在春季至夏初或秋季。春季气温低,初夏又常有寒流,可采取措施提高温度:罩紧地膜,增加地温;拉稀荫棚覆盖物,引光增温;缩短通风时间,减少通风量,人工创造一种适宜的温度,使菌蕾顺利形成子实体。棘托竹荪属于高温型,出菇中心温度以 25℃～32℃最佳。

这个竹荪的发育快,出菇甚猛,菇潮集中。春季播种后,在适宜的环境条件下,从菌蕾形成到子实体成熟,只需30天左右,甚至有的还提前3～4天成熟。自然出菇期均在6～9月高温季节,如果气温高于35℃时,畦床内水分大量蒸发,湿度下降,菌裙粘结不易下垂,或托膜增厚破口抽柄困难。必须采取措施将荫棚上遮盖物加厚,创造"一阳九阴"条件;早、晚揭膜通风,中午气温极高时,打开罩膜两头,使其透气,夜间揭开四周盖膜;用井水或泉水早、晚喷水1次;畦沟浅度灌水,降低地温。

⑦合理通风换气 从竹荪菌蕾发展到子实体形成,需要充足的氧气,若二氧化碳浓度高,子实体会变成鹿角状畸形。为此,出菇期应加强通风。坚持每天上午通风30分钟即可,气温高,早、晚揭膜通风各1次;中午气温极高,盖膜两头打开透气,午夜四周揭膜通风;荫棚南北向草帘打开通风窗对流,使场内空气新鲜。不少栽培场出现畦床长蕾少,畦旁两边长蕾多。主要原因是畦床覆土厚,而且土质透气性不好,或由于喷水过急覆土板结,这些都会导致畦中基料缺氧,菌丝分解养分能力弱,菌索难以形成原基,所以现蕾稀而少,甚至不见蕾。可在畦中等距离的打洞,使氧气透进基料;同时打洞也有利喷水时水分渗透吸收,使菌丝更好生长发育,菌蕾均匀萌发。

⑧适当调节光源 从菌蕾到子实体成熟,生长阶段不同,自然气温也有变化,为此必须因地因时调节光照。幼蕾期或春季气温低时,荫棚上遮盖物应拉稀,形成"四阳六阴",让阳光散射场内,增加温度;菌蕾生长期或气温略高、日照短的山区,荫棚应调节为"三阳七阴",日照长的平原地区为"二阳八阴"。子实体形成期阴多阳少,适于撒裙,也减少水分蒸发,避免基料干涸。出菇管理极为重要,可按下面的方法进行。棘托竹荪的出菇管理,培育时间1～5天,每天通风1次,每次30分钟,

喷头朝上,喷雾状水 1 次。最适温度 22℃～25℃,相对湿度 80%～85%,光照"四阴六阳"。6～10 天直接轻喷水。最适温度 23℃～26℃,相对湿度 85%,光照"四阳六阴"。11～17 天勤喷水,适当通风。最适温度 25℃～28℃,相对湿度 85%～90%,光照"三阳七阴"。18～25 天,多喷水,结合通风换气。最适温度 26℃～30℃,相对湿度 90%,光照"二阳八阴"。26～30 天重喷水,结合通风,采收。最适温度 28℃～32℃。相对湿度 95%,光照"二阳八阴"。31～35 天采前重喷水,采后清理残根,加料加土。

14. 竹荪果园套栽高产栽培法如何进行?

葡萄、柑橘、梨等果园内的空地,是套种竹荪良好的天然场地。在果园里套栽竹荪,既节约遮阳材料,省工、省力,提高土地利用率,又能取得果荪双丰收的成效。目前大面积栽培的竹荪品种,主要有长裙竹荪、棘托竹荪、短裙竹荪的 D892、D866、D-古优 1 号、875 等菌种。

选择平地或缓坡地的已成林、近水源、富含腐殖质的砂壤土的桃、梨、柑橘、板栗、葡萄、杨梅等果园做栽培场地。在播种前 1 周对场地清除杂草及杂物,翻土晒白,果树主枝刷上石灰浆和喷洒波尔多液防病虫害。果树的株行距一般是 3 米×3 米以上,晒白土几天后顺果树行开沟做畦。行距中间留 40 厘米开沟,两边做畦,畦宽 60～80 厘米,土块不应太碎,便于通气,靠树边留出 40～50 厘米做果树管理道。

播种前 1～2 天,把培养料预湿至含水量 65%,在晴天将畦面表土扒去 2～3 厘米,推向畦面两侧,留作覆土时用,将浓度 0.1%锌硫磷拌松木屑和石灰均匀撒在畦面,或用茶籽饼水浇灌驱虫,再均匀盖 1 厘米厚土。随后铺 5 厘米厚处理的粗料,将块状菌种点播在料上,再撒些碎菌种于料面,用种量为1/3,第二层铺粗、细混合料,厚 12 厘米左右,撒播剩下菌种,总用量为每平方米 1.5～2 千克(4～5 瓶),再铺 3 厘米厚细料,用板拍实,整个料床厚 15～20 厘米,然后把畦两侧的土和开沟的土加工成花生粒大小,全面覆盖到料面上,厚约 5 厘米,整成龟背形。覆土层的含水量为 18%～20%。如果树叶不茂盛或落叶时,为避免直射阳光,在覆土上要再覆一层稻草或茅草,最后在畦上搭拱形支架覆薄膜,防雨淋和保湿。播种后,畦沟、场地四周要全面撒石灰消毒、杀虫。

播种后前期一般不需浇水,保持土壤湿润即可,从第三天起每天中午揭膜通风 30～60 分钟,后期适当增加通风次数,酌情喷雾,保持培养料含水量在 60%～65%,覆土层含水量为 18%～20%,空气相对湿度为 60%～70%。春季雨水较多,要挖好栽培畦四周的排水沟,排水沟要比畦沟深 30 厘米以上,畦沟要比料床低 10 厘米以上。菌丝生长适宜温度 20℃～28℃,最适 23℃左右,超过 30℃以上时应揭膜降温。为提高竹荪产量,发菌 25～30 天后,可在畦上撒施进口复合肥,用量每 667 平方米 30 千克。播种后经 40～60 天精心管理,一般菌丝已长满培养料,再经 15 天左右菌丝达生理成熟并爬上覆土层,当气温稳定在 20℃～24℃,经 10～20 天土层内就可出现大量原基。此时要保持空气湿度在 85%～90%,基质含水量 60%～65%,土层湿度 20%～23%。温度控制在子实体适宜生长的 18℃～25℃,温度过高要及时降温,揭去畦面的稻草等覆盖物,白天可打开拱棚两端薄膜通风换气。阴雨天要用树枝稍微提高畦面两侧薄膜,以利畦面通风。气温回升至 25℃以上,除雨天外,均将薄膜架在拱棚顶。约经 30 天,菌蕾逐渐发育成熟并采收。

15. 怎样在林地栽培竹荪?

(1)场地选择 凡有野生竹荪生长的林地,郁蔽度在80%以上的各种竹林、常绿阔叶林均可用来作为竹荪栽培场。但应注意:①楠竹林和乔木阔叶林树冠高,个体之间间隔较远,遮荫效果虽好,但挡风能力差,风会降低湿度,在这样的植被条件下种竹荪,宜选背风的地方,以利于保湿。②过矮的刺竹林及灌丛遮荫、保湿效果虽好,但妨碍栽培时操作,不宜选为栽培场地;③林缘风大,湿度小,不宜选用。较小的竹林用来种竹荪,要在林缘设置防风篱笆挡风。④白蚁活动频繁的地方也不宜选用。

(2)原料 凡竹类死体,如黄篾、竹叶、竹枝、竹篾,及各种边材发达的落叶树如棘皮桦、光皮桦、野樱桦、枫香、朴树、青冈,以及各种农、林副产品秸秆、蔗渣、阔叶树的木屑和木块都可用来种竹荪。树龄在10~20年之间、树干直径在7~20厘米之间的树木也是理想的原料。

落叶后至翌年抽芽前的树木营养丰富,是砍伐适期。砍伐最适期应与接种时间密切配合,即在接种前20~60天伐木。凡尚未死亡,埋木后还能发芽的树都种不出竹荪。光皮桦、棘皮桦、野樱桃、法国梧桐、乌桕、油桐等是材质较疏松的树种,如在晴朗干燥的时候砍伐,20天后才能接种。一般来说,含水量少的树木易死亡,含水量多的不易死亡。含水量多少与材质的松紧有很大关系,疏松的含水量较少,紧密的含水量较多。含水量的多少又与生态条件有关系,生长在高湿度土壤中的树木比生长在沙土和山梁上的树木含水多;雨后树木的含水量比晴天多。凡含水量多的树木,原生质死亡需30~60天。枫香和青杠等树种应在上一年冬季砍伐,翌年春天接种。段木脱水也与气温有关,气温低,脱水时间长,气温高时,脱水时间短。段木砍伐后,将其截成1米长的小段,断面和受伤破皮处涂上5%石灰水溶液或波尔多液,成"井"字形或三角形堆放于通风干燥处脱水。

竹类伐蔸、竹枝、竹篾、竹叶、碎木块、蔗渣统称为碎料。竹蔸不易死亡,自然死亡的往往又干燥过度。因此,最好是砍伐后挖出地面,干燥20~30天打孔接种后再埋入地下。竹枝、竹篾、树枝等要截成5~10厘米长的小段。小块原料容易脱水,一般都比较干燥,所以需要补充水分。方法是用清水浸泡1~2天。浸泡后,要剖开检查,没有泡透的要继续浸泡。接种前捞起,待表面水分散失后即可接种。

(3)接 种

①适期 原则上任何季节气温在7℃以上、30℃以下都可以接种,但以10~12月为好。1月气温太低。春季接种后若能加盖薄膜或搭棚遮雨,效果也很好。

②方法 段木接种,先用台钻或手电钻、打孔器打孔,孔内径应与木塞菌种外径大小一致,不宜过大或过小。木塞菌种的横断面为1厘米,用1.1厘米的钻头或0.8厘米的皮带冲打孔,孔深1.5~2厘米,孔与孔之间的距离,横向是4~5厘米,纵向是5~7厘米。接种需在晴天或阴天进行,切勿在雨天进行。接种前用冷开水洗净双手及镊子、盆等工具,再用75%酒精棉球擦洗消毒。接种时,用20厘米长的镊子夹出菌种,置于经过消毒的盆内,再将菌种塞入孔中,用木槌轻轻敲击,使之与段木表面平行。当天打孔,当天掏出的菌种必须当天接完。

用木块、竹块、竹枝、竹篾等碎料做原料时,要先浸泡2~3天,让已干燥的原料充分吸收水分,未泡透的不能接种。接种方法是：将竹枝、树枝、竹块、木块等小段先拌以20%的竹叶或竹屑、木屑，竹叶或竹屑、木屑使用前要加水拌和至手捏指缝中有水但又不滴下为度。再按层播法接种，一层原料一层菌种，原料与菌种的用量比例是10∶1，即5千克干料加水拌匀后接1瓶菌种。竹篾、竹块形状比较规则，可用包心法接种。即在竹篾或竹片中先撒1层竹叶或竹屑、木屑，再在中心部位放上菌种，依次盖上竹叶或竹屑、木屑，表面再盖竹篾或竹片，用绳索或铁丝捆紧成束。菌种与原料的用量比例同上。

（4）**埋木、埋料**　竹荪是地生腐生菌，没有土壤覆盖不能分化出子实体，因此必须埋木或埋料。其方法如下：

①**接种**　接种后至少20天为埋木、埋料适期。埋木适期就是原生质死亡，而段木又不过度干燥的时候。日期较难掌握，但可注意以下几点：段木两端横断面出现小裂纹，绿皮层变为黄褐色。粗而含水量大的段木，如枫香、青冈等，如在头年11～12月接种，可到次年3～4月埋木；如2～3月接种，应到5～6月埋木。细而材质又比较疏松的段木，在气温比较低的冬天，可在接种1～2个月后埋木，但如在气温较高的秋天和春天，接种后必须在20～30天以内埋木，否则会干燥过度。

②**方法**　埋木前1周，先挖松地面，除去杂草根和石块，喷洒杀虫药如敌百虫等。再在地面垫铺1层5厘米厚的竹叶、木块、木屑或刨花，将段木平放于地面，每床宽1米，长度不限，段木间应有间隔，中间填以竹叶、竹枝、竹块、竹屑或木屑，统称料层。料层厚20～25厘米，料中还可撒些菌种，最后在料面上盖5～10厘米厚的腐殖土，腐殖土面上盖1层竹叶。接种后也可不立即覆土，先用薄膜覆盖，等填充碎料长满菌丝后再覆土。覆土应比段木两端各加宽30～40厘米，这是由于竹荪的结实性菌索常常蔓延到离开段木30～40厘米远的地方去

长子实体。覆土宜用砂壤土表面的腐殖土,切不可用沙土、重粘土和高湿度的河泥、塘泥等。覆土要打碎,不可用板结的块土。石头和草根、已感染杂菌的腐殖质等均要捡出。覆土时宜轻,切勿拍打、重压。覆土宜用 800 倍敌百虫液和 600 倍液的多菌灵液拌和消毒。

③埋料　和段木栽培一样,碎料栽培也要埋料,不同的是碎料栽培应边接种边埋料,还可以用力压紧原料。其余方法和段木埋木相同。

(5)管理

①管好水分　竹荪菌丝肉质脆弱,既不耐旱,也不耐湿,它需要在一个较湿但又不是高湿的环境里生活,基物和土壤的湿度应保持在 60%~70% 之间。湿度高于 75%,竹荪菌丝只能忍受一定时间,时间长了会窒息死亡;湿度低于 50%,竹荪菌丝生长受到抑制,低于 30%,会干燥死亡。只有栽在不干不湿的土壤中,地面能遮盖雨水的栽培场,竹荪菌丝成活和出菇才会良好。如在竹荪栽培床上面搭棚或在大雨来临之前盖上薄膜,挖好排水沟,排除多余的水分,就可以有效地防止对竹荪菌丝的侵袭。干旱季节注意浇水抗旱,冬季 15~20 天 1 次,春、秋季 7~10 天 1 次,夏季 3~5 天 1 次。土壤湿度是否适宜可用手捏法检查,即用手捏泥土成团,放之能散,就是适宜的土壤湿度。

②消灭白蚁　白蚁啃食菇木,严重时能毁掉整个菇场。灭白蚁方法是在埋木 2 个月内,有选择地打开泥土,检查有无白蚁,如发现白蚁,可用灭蚁粉对准白蚁喷撒,洒完后按照埋木要点埋好菇木。但埋木 2 个月内不能检查,因为此时菌丝已植入土中,挖动会造成菌丝断裂。碎料栽培不能检查,因为碎料通透性好,接种后 1 个月左右,菌丝即到处蔓延,稍一触动便

将菌丝弄断。

③严防踩踏栽培箱 严防人、畜、禽、犬踩踏栽培箱,造成覆土板结和菌丝断裂。

④补充覆土 覆土稀薄而露出段木时,要及时补充。

(6)出菇 埋木后经一年多的营养生长,到第二年的5~6月,在地表形成菌蛋。菌蛋与线状菌索同步膨大,于6月中下旬或7月上旬,雨后逐步露出落叶层。成熟后会在一夜之间便开出完整的子实体。如用碎料栽培,只要2~5个月的营养生长便可进入生殖生长,形成子实体。纯竹叶栽培快些,竹枝或木块慢些。段木出菇虽迟,但出菇时间长,可一直延续3~4年。碎料出菇快,但只能出1~2年。1瓶菌种可栽20千克段木,第一年平均产量可收干竹荪30克,最高120克;第二年差些,平均20克,最高80克;第三年更差。用竹叶栽培,1瓶菌种可栽培10千克竹叶,2个月后开始收获,当年可收50克干竹荪。菌托与竹荪的重量比是2∶1,每收100克干竹荪同时可收200克干菌托。

16. 怎样进行堆料发酵竹荪的高产栽培?

(1)田块要求 竹荪栽培的田块要求是交通便利,背风阴凉,既有水源,又能排水,土质疏松肥沃、腐殖质含量高的砂壤田,不能连作,种植田块是周围上方水源及前两年未种过食用菌的田块,目的是避免杂菌感染。准备选做种植的田块,提前1个月,逢雨天,每667平方米施尿素15千克,补充覆土养分。

(2)品种选择 目前选用的品种有长裙竹荪D89、D1和D42,以种植D89为主。其中D42产量虽高,但个头小销路差,每667平方米用菌种500~530袋(每袋500克)。

（3）**备料建堆** 按照粗料∶细料＝3∶7～4∶6的比例，采用了"两增大"技术：一是增大氮肥配比，使尿素占培养料的1%；二是增大培养基料的用量，每667平方米使用量达到6 100千克。具体做法如下：

①**栽培原料** 竹粉，竹丝及竹叶；杂木片，树枝，叶及木屑；黄豆秆，芝麻秆，棉子壳；芦苇，芒萁，巨菌草等。

②**每667平方米备料量** 竹丝粉4 000千克，木屑或芦苇、巨菌草等菌草2 000千克，尿素50～60千克，轻质碳酸钙25千克、石膏粉25千克。要求覆土和培养料的pH值5～6。

③**建堆发酵** 使复杂的营养物质降解为能被竹荪菌丝吸收利用的营养成分。操作时，按一层原料撒上尿素、石膏粉并浇清水，使培养料含水分60%～70%；再一层原料撒尿素、石膏粉，如此反复，使料堆约1米高；每隔10天翻堆1次，并根据培养料干湿适当加水，前后共翻堆3次，直到散尽培养料中的氨气。建堆发酵的目的一方面是增大培养料的含氮量，另一方面是发酵时产生高温杀死杂菌、害虫。

（4）**播种时期** 竹荪属中温偏高型品种，菌丝体生长温度范围7℃～30℃，最适22℃～24℃。当温度超过7℃即可播种，每年1～2月最适宜。播种后60～80天，进入菌蕾和子实体发育期，4月下旬可开采，10月中下旬结束，产量高的可采5～7批竹荪。

（5）**做畦播种** 畦床整理成宽50～60厘米，沟宽25～30厘米。根据实际地形确定开沟排水，中间和四周都要开排水沟。畦长控制在12米左右长度。防止因雨季积水而造成土壤透气性差，用培养料覆盖5厘米，盖土3～4厘米，土不能一铲一块，且用稻草覆盖1厘米，有利于菌丝生长，1～2天稻草吸湿变软时，再盖上地膜，起到保温防雨淋。半个月后抽样检查，如发现块状菌种变黑应立即补种,确保菌种的成活率达95%以上。

(6)田间管理

①搭荫棚　播种后,温度达15℃以上,菌丝不断生长为菌索,温度超过25℃即要搭荫棚,遮阳度调节到"三分阳七分阴"。

②水分、温度　要使菌丝生长蔓延好,基质必须保持60%～70%相对湿度。出菇前培养料内含水量以60%为宜,覆土含水量保持在22%。畦面青苔是土壤含水量适宜的指示植物。后要求空气相对湿度85%～95%为好,温度20℃～26℃。干旱时,采用灌跑马水和喷水等方式。当温度超过28℃时,及时掀开地膜通风、降温,下雨盖上地膜保温、防雨。

③杂菌与虫害防治　常见的杂菌有绿霉、烟霉等。可先把杂菌连同表土一起清理出田块,然后用施宝功液或用4%碳铵液防治,并用薄膜覆盖,未发生地块不需防治。白蚂蚁、线虫、跳虫、螨虫等用阿维菌素防治。

④施肥和根外追肥　每一潮菇采收后,每667平方米用1%的进口复合肥液或15千升加入氨基酸10克、尿素25克、磷酸二氢钾25克溶解混合后进行喷雾,使用时根据温度高低掌握浓度,防止用肥过浓烧蕾。

⑤畦床除草　可用镰刀小心地把杂草割除,一般不能用人工拔除杂草,防止菌丝封固的表土松动,而破坏菌丝正常生长。

(7)二次烘烤　为了使竹荪外观不碎损,保持色泽新鲜,整齐饱满,达到增产又增收的目标。烤房大小与风扇功率相当,且烤房封闭性能较好,采用2次烘烤法,即竹荪经过烘干脱水至八成,取出捆扎,再回烘干房烤干为止,取出装入塑料袋,密封,放入阴凉干燥房间保存。

17. 怎样用玉米秆栽培竹荪?

菌株引自贵州省生物所的 8 号短裙竹荪。用做培养料的玉米秆必须无霉烂,于栽培前去叶曝晒,切成 5 厘米或 4～6 厘米长。前者用于床栽,后者用于盆栽。室内床栽时,用 3 层的架式床,将 50 厘米长的玉米秆像火柴盒内放火柴梗一样平铺压紧。盆栽是用直径 25 厘米、底有孔的盆,将 4～6 厘米长的玉米秆散放在盆内。于 8 月 7 日播种,采用层播方式,每平方米播 3 瓶菌种。室内温度控制在 23℃～26℃;空气相对湿度 75％～95％,前期低,后期高,当菌丝长满培养料表面后,加盖 2～3 厘米厚的竹林腐殖土(含水量 35％～50％),土上再覆盖 1 层竹叶。早晚通风 30 分钟。室内白天用一支 8 瓦的日光灯照明。破球至开伞期间,空气相对湿度应调整至 94％以上。播种后 3 天,菌丝萌动吃料;9 月 10 日(播种后 33 天)菌丝长满培养料,以后形成菌索伸至土表;现蕾期在 10 月 7～19 日;随后菌蕾逐渐长大呈球状,破球前呈尖嘴桃状;12 月 5日 16 时菌蛋顶部破裂,12 月 6 日可开始采收。从现蕾到采收需 50 天左右,从种到收为 121～127 天。用玉米秆栽培的子实体形态与野生的完全一样。个体较大且均匀,鲜种 51～65.6克,平均重为 58.2 克,高 20 厘米左右。床栽用玉米秆料为2.5 千克,第一潮共采收鲜子实体 640.2 克,菌裙、菌柄干重为 25.9 克。

18. 怎样进行稻谷壳栽培竹荪?

(1)品种选择 竹荪品种较多,人工栽培的有长裙竹荪、短裙竹荪、红托竹荪、棘托竹荪 4 个品种。形成商品化生产栽培的为棘托长裙竹荪。古田县的菇农常用 D-古优 1 号和金山 8 号高温型菌株。

（2）原料准备　采用稻壳为主料，也可掺入木屑、竹片及作物秸秆等做培养料。所用的原料要求晒干、切破、浸透、半腐熟。

（3）场地选择　选交通方便、地势平坦、近水源、易排水、土质肥沃疏松田野、空闲地作为栽培场。畦床要求做成龟背形，畦沟人行道要两头斜以防积水，播种前用石灰粉、呋喃丹等进行消毒杀虫。

（4）堆料播种　将原料铺在宽 40～50 厘米的畦上，料厚 20～30 厘米，撒上菌种，每平方米菌种用量 4～5 瓶（袋），再撒上 2～3 遍碎原料（若能撒上 2～3 厘米厚的原木屑熟料，可提高产量），铺料播种后用两旁土覆盖 5～10 厘米，覆膜保温、保湿，最后畦面上稀撒 1 层芒萁等遮阳物保湿发菌。

（5）发菌培养　播种后，在正常情况下，一般经 20～30 天培养，菌丝基本走透料，在此期间，土壤含水量应控制在 65% 左右，视土壤湿度，阴天一般隔 1～2 天浇水 1 次，晴天每日浇水 1 次，夏季高温时，浇水宜在早、晚进行，雨季注意水沟畅通，避免积水影响发菌。

（6）出菇管理　当菌丝爬上料面至土壤面层，此时应增强光照刺激，使菌丝回落土层，6～10 天即可扭结成白色米粒的原基，很快转为菌蕾。出菇期培养基含水量以 60% 为适，空气湿度 85%～90%，根据不同阶段，采取看蕾管水（即蕾少蕾小少喷水，蕾多蕾大多喷水），使幼蕾正常生长直至成熟。

19. 怎样进行棉秆栽培竹荪？

用整棉秆生料露地栽培 CD 611 长裙竹荪，经济效益好。

所用的整条棉秆,不切断,不粉碎,不消毒,不添加辅料营养,只需经清水浸泡后即可直接用于栽培。省工省时,操作方便,只要气候适宜,温度控制得当,从播种到收获约70天,每平方米可产干品250～300克,净利100余元。

（1）栽培季节 CD 611长裙竹荪一年四季均可栽培,尤其春季为最佳,当年栽培当年收获,可采2潮。早秋栽培当年可收1潮,经越冬管理后翌年产量较高。夏季以室内床栽为主,室外增设荫棚和采取降温措施,收效最快。冬季地表温度在5℃时仍可栽培,加防冻保温措施,翌年可收3～4潮。1次栽培,可收获2年以上。

（2）棉秆软化浸泡 将无霉变的棉秆翻晒2天,用石磙碾压使秆质变软,棉秆皮开裂呈骨节状,抖去灰尘及残渣,置入清水中浸泡24小时,捞起堆积沥水至无水珠下滴后即可用于栽培。

（3）播种栽培

①场地选择 栽培竹荪的场地要求土质疏松肥沃且潮湿。可选择"二阳八阴"的竹林、杂木林地、果木林地;荫蔽度在80％左右的坡地或有葡萄、瓜蔓等自然荫蔽的露地;也可选择庭院、农田等旱地,但需增设遮荫棚架。

②翻土做畦 清除栽培场地杂草,再深翻细耙,除去地内砂砾瓦片及杂物。然后按宽1.4米、深20厘米、长不限做畦。畦中留1条宽20厘米的土埂分成2小畦。四周开挖宽20厘米、深30厘米的排水沟,用0.1％的高锰酸钾溶液喷洒畦土至湿润。

③播种方法 采用3层棉秆、3层菌种盖床面的播种方法。棉秆顺畦长均匀铺排,每平方米铺棉秆25厘米厚,干重约20千克,播菌种30％;中间层铺棉秆10厘米厚,播菌种5％;

上层铺棉秆 10 厘米厚,播菌种 70%。床面拍平压实,覆土 3 厘米厚,用 0.1%的高锰酸钾溶液喷洒润湿覆土,其上覆盖 15 厘米厚的疏松弓形干草被,全畦床覆膜压实,疏通排水沟,让其自然发菌。

(4)发菌管理 只要不遇连降大雨和溃涝,可不需特别管理,任其自然萌发生长。1 周后检查菌种定植和菌丝生长情况,用减少或增加床面草被厚度或再在覆膜层上罩弓膜的方法,调控床温 20℃~30℃,保持空气相对湿度 65%~70%,一般 30 天左右菌丝可穿透棉秆扭结成菌索破土而出。

(5)出菇管理 当畦床表土已见菌索时,去掉床面草被,覆膜改罩弓膜,水沟内贮水和床面喷水,提高菌床空气相对湿度至 85%。保持温度 15℃~35℃。温度过高时弓膜周边拱架通风和弓膜层上盖草帘遮阳或夜间无雨揭膜降温;温度过低时覆盖保温。现蕾后提高相对湿度至 95%,以充足的水分促使菌蕾膨大开裙至成熟采收。

20. 怎样用麦草畦床栽培竹荪?

用麦草栽培竹荪,是大幅度提高麦草经济价值的一个有效途径,每平方米投料 20 千克,采用速生高产栽培法,经 100~120 天,可采收 120~140 个子实体,大约 300 个子实体可得干品 1 千克,每平方米产值在 250~400 元。

(1)选场 选通风透气、较阴凉的平地或 30°以下缓坡地做栽培场。如无林遮荫,要用树枝搭荫棚,高 1.7~2 米,棚内透光度达 30%。栽培前 1 周准备畦床,宽 1~1.2 米,长度不限,畦面呈龟背形,四周开排水沟,然后用石灰水进行场地消毒。

(2)备料 无霉变的麦草做栽培原料。先将麦草置烈日下曝晒2天,切成5～10厘米长,放到5％石灰水中浸泡1天,捞起后,用清水反复冲洗至洗液pH值呈中性为止,然后摊开晾干表面水分,即可使用。为了延长采收期,可在麦草内加入30％的竹黄、竹绒、阔叶树细枝条、棉秆、黄豆秆等,并按上述方法进行处理后使用。

(3)**播种** 春播在4～7月播种,至8～9月即可采收;秋播在10月播种,翌年3～4月采收。播种方法以层播法为好,即在床面放1层麦草后,撒1层菌种;然后再放1层麦草,撒1层菌种,表面加盖1层麦草。播种时,要逐层压实。床面原料15厘米,表层覆盖麦草厚度不得超过2厘米。每平方米用菌种5～6瓶(750克装)。播种结束后,床面加盖拱形塑料棚,棚顶距床面30厘米。

(4)**发菌** 在菌丝生长期间,一般不要喷水;发菌后期,若料面过干,可适量喷水;切忌用大水浇灌。发菌期间,每天至少通风1小时;发菌后期,要适当增加通风次数和延长通风时间。

(5)**覆土** 取林地土或菜园土做覆土材料。取土时,先挖除表层含有病菌、虫卵的地表土,取距地表25～30厘米以下的生土使用。挖起后,随即打碎、过筛,取蚕豆粒大的做粗土,用黄豆粒大的做细土用。播种后,经1个月左右培养,菌丝在料内已基本长透,表面开始发白,先覆粗土,厚1.5～2厘米;适当喷水调湿,10～15天后,粗壮的菌索爬上粗土,在接近长满时,覆盖细土,厚1～15厘米。覆土面要求平整,不能有低洼,以防积水。

(6)**催蕾** 播种后,经65～75天生长,菌索已在覆土表面长满,停水6～7天,逐渐降低覆土含水量,以改善覆土层的通气状况,然后改用水喷雾,9～10天后,菌蕾大量发生。为了促进菌蕾生长,每天喷水 2～4 次,并在排水沟内灌水,使土壤含水量达 65%～75%,空气相对湿度达 85%以上。随着菌蕾长大,要及时揭去床面塑料棚以利通气。

21. 怎样用菌草栽培竹荪?

采用菌草栽培竹荪,可降低成本,节省开支,获得较高经济效益。

(1)**菌草的种植与贮备** 所谓菌草就是适宜做食用菌培养料的草本植物,适宜作竹荪培养料的菌草有多种,如五节芒、象草、拟高粱、宽叶雀、芦苇等。菇农可以利用荒坡、堤坝闲散地种植,管理粗放,略施氮、磷、钾肥就可获得丰收。菌草收割后,及时晒干,利用机械切割成 5～10 厘米长,贮存备用。

(2)**准备菌种与培养** 母种选用长裙竹荪或棘托竹荪。栽培种培养基配方:杂木屑 40%,棉籽壳 35%,麸皮 20%,过磷酸钙 1.5%,尿素 0.5%、白糖 2%、石膏粉 1%、含水量 65%。按常规方法拌料、装瓶、灭菌和接种,在 18℃～24℃的培养室内培养,30～45 天菌丝可长满瓶。如无杂菌污染,即可用于生产。

(3)**场地选择与搭棚** 栽培场地以林间空地、排水性好的缓坡地或稀疏竹林为好。栽培前应在场地上搭棚遮阳,先在栽培地四周立柱,柱间距 3 米,柱高 2 米,用毛竹做横梁,用铁丝扎紧,再用细竹或树枝搭成经纬,上面稀疏地搭上不易腐烂的遮阳材料和茅草等,以达到"三分阳七分阴"的效果即可。

(4)**配料播种**

①配料 将碎菌草用 1%石灰水浸泡 2 天,吸足水分并软化,捞出沥去多余水分,添加 15%麸皮、0.5%尿素、1%磷肥、1%石膏粉,拌匀堆积发酵 2～3 天。芦苇 80%、杂木片

15%、豆秆 4.5%、复合肥 0.5%；芦苇 65%、杂木片 20%，豆秆或竹叶 15%，另加复合肥 0.2%。复合肥可分二部分，一部分拌料，一部分拌进覆土。

②播种　栽培时先对场地进行消毒，然后做畦，畦宽 1 米，长度不限，畦面撒石灰粉消毒后铺 5 厘米厚的菌草栽培料，稍压实，播一层栽培种，再铺第二层（料厚 5 厘米），播第二层种，用种量略多于第一层，菌种上铺一薄层料再覆 2～3 厘米经消毒的腐殖土，土上撒竹叶、树叶遮盖保湿，以利发菌。

（5）管理措施　菌丝生长阶段主要是保温、保湿，防病虫害。当表土水分逐渐散失时，可在覆盖物上喷雾水保湿，2 个月后即可现蕾，这时再覆 1 厘米厚的腐殖土，搭小拱架覆膜保湿，空气湿度提高到 80% 左右，让其正常生长发育。

22. 怎样进行芦苇栽培竹荪?

我国芦苇资源丰富，芦苇、玉米芯、杂木屑等农副产品下脚料栽培竹荪出荪快、产量高、效益好，是农民致富的好门路。

（1）配方　①芦苇屑 60%，杂木屑 30%，麸皮 5%，玉米粉 2%，大豆粉 1%，蔗糖和石膏各 1%。②芦苇屑 60%，玉米芯 30%，麸皮 5%，玉米粉 2%，大豆粉 1%，蔗糖和石膏各 1%。③芦苇屑 50%，玉米芯 40%，麸皮 5%，玉米粉 2%，大豆粉 1%，蔗糖和石膏各 1%。④芦苇屑 40%，玉米芯 50%，麸皮 5%，玉米粉 2%，大豆粉 1%，蔗糖和石膏各 1%。⑤芦苇屑 90%，麸皮 5%，玉米粉 2%，大豆粉 1%，蔗糖和石膏各 1%。各加磷酸二氢钾 3 克，硫酸镁 1 克，含水量均为 65%，pH 值 6.5。新鲜玉米芯，粉碎成指甲大小；芦苇切成 1～2 厘米的条或片。木屑和玉米芯需提前 1 天预湿，使培养料吸水均匀，次日按照主辅料充分混合拌匀。

（2）**装袋、灭菌和接种**　采用 15 厘米×33 厘米×0.004
厘米的聚丙烯袋,每袋装干料 250 克,料袋中侧打孔,套上颈
口圈,然后用聚丙烯膜封口,高压灭菌维持 2 小时以上,待料
冷却后在无菌条件下接种,接种后置 25℃～28℃、暗光、相对
湿度 70％以下培养。每天检查有无杂菌污染,淘汰有杂菌的
袋。每天通风 2～3 次,每次 15～30 分钟,需 50 天左右菌丝满
袋。

（3）**脱袋覆土管理**　菌丝满袋后,过 10 天左右脱袋覆土
为好,菌丝粗壮,再植能力强。

①**覆土处理**　按 100 平方米菇棚 3 立方米土为宜,土质
采用腐殖土或菜园土。需曝晒 3 天以上,用稀释 800 倍敌敌畏
和 200 倍的甲醛喷洒,以手握成团,落地即散为宜,然后堆 24
小时杀虫杀菌。

②**覆土方法**　在塑料大棚内做宽 1.5 米、深 10 厘米、长
不限的阳畦畦面,棚壁均用 800 倍敌敌畏和 200 倍的甲醛喷
洒杀虫、杀菌消毒;菌棒用 0.1％高锰酸钾液表面消毒,立放
于畦内,菌棒与菌棒间留有 2～3 厘米的间隙,以便填土,然后
盖上细湿土 2 厘米并加盖地膜保温、保湿,约 30 天土表有菌
丝时再覆细湿土 2 厘米。

③**出菇管理**　菌棒覆土后要保持地表湿润,有菌蕾出现,
要加大湿度,朝空间、墙壁喷水,空间相对湿度保持 85％～
95％;每天通风 2～3 次,每次 30 分钟以上,在温度 18℃～
25℃下培养 50 天左右可形成子实体采收。

23. 有哪些措施保证竹荪高产?

（1）**培养料要求**
①**用料要充足**　每 667 平方米用料 3 000～4 000 千克

（干料），这是高产的基础。尽管投料少也能正常出菇，且生产周期短，可以提高土地利用率。但在培养料不足的情况下，要高产几乎是不可能的。

②用混合料　目前许多菇农采用纯谷壳栽培竹荪，其产量往往较低。以谷壳为主要栽培原料，可以考虑添加木屑、刨花、竹屑、竹绒等含木质素较高的原料。

③增加培养基的含氮量　氮素不足是竹荪低产的重要因素之一。增加培养基的氮源是提高竹荪产量的有效措施。具体方法是在培养料中添加牛粪、鸡粪、鸭粪或者尿素。但添加这些物质的培养基必须经过发酵。单独添加尿素，添加量不超过总干料重的 1.5%，单独添加禽畜粪，添加量不超过总干料重的 20%。也可同时添加禽畜粪和尿素，但要按上述比例严格掌握，不可超出。另在发酵过程中应添加 1% 左右的碳酸钙或者石膏粉。

（2）改生料栽培为发酵料栽培　经过发酵的培养料更利于竹荪菌丝分解，可以促进菌丝体养分的积累，进而提高产量。同是发酵过程还可以杀灭培养料中的螨类等各种害虫和一些竞争性杂菌，保障菌丝的正常生长。特别是添加禽畜粪、尿素的培养料，必须进行发酵。否则培养料中氨气含量过高，会导致菌丝生长稀、弱，甚至死亡。发酵方法可参照蘑菇料发酵工艺进行。一般发酵 30～40 天时间。发酵结束后要确认培养料无氨味后方可进行播种。

（3）提高覆土质量　实践证明，竹荪子实体生长与覆盖土的关系密切，没有覆土的培养料，即便菌丝生长得很好也无法长出竹荪，而覆土的土壤的优劣对产量影响极大。栽培竹荪的覆盖土最好选用腐殖质含量高的壤土。腐殖质中含多种竹荪生长需要的养分，还具有使粘土疏松、沙土粘结，促进土壤形成团粒结构的功能。因此,若在栽培场地就地取土覆盖的,在选择场地时必须注意场地的土质,若无法找到土质好的场地,最好另选腐殖土覆盖或者烧制一些火烧土,然后浇些人粪尿堆制一段时间后再做覆土使用。

(4)**管理要精心** 三分种,七分管,要获得竹荪优质高产,管理要抓住以下重点。首先是湿度管理。对竹荪栽培而言,湿度管理包括培养料湿度、覆盖土的湿度和空气相对湿度三个方面。在发菌阶段,要控制好培养料的湿度,这样才能促进菌丝正常生长,为高产打下基础。理论上培养料含水量以60%～65%为宜,实际操作中只要掌握在培养料湿度充分,而用手使劲捏之无水挤出即可。在菌丝未走满培养料前,不要让雨久淋,畦沟内也不宜长期浸水。在发菌后期和出菇阶段,要注意覆土的湿度,以便促进菌丝进入土壤,形成菌索进而长出竹荪。土壤湿度一般控制在手捏土粒能扁而不粘为度。出菇阶段则应侧重于畦面空气相对湿度的控制。一般雨天不淋水,连续天晴时要在畦面浇水。但气温在25℃以下时喷水次数要少,量要足;30℃以上时喷水宜少量、多次。其次是温度管理。栽培竹荪主要通过合理安排季节,在自然温度条件下生长发育。温度管理应注意以下几点:一是若在低温季节播种,应在畦面覆盖一层稻草和薄膜保温,保持培养料温度在15℃以上;二是在高温天气要及时遮阳,避免菌种或菌丝被晒死;三是在出菇阶段,若遇上高温天气,要加厚遮阳物,避免菌蕾受高温而萎缩死亡。

24. 怎样防治竹荪的病虫害?

(1)**杂菌类的防治**

①绿色木霉 绿色木霉能分泌毒素,阻碍菌丝的生长和

子实体的形成。绿色木霉在湿度高、通风不良环境下,危害尤为严重。竹荪子实体采收后留下的菌索,也常有绿色木霉出现。防治方法:菌床表面发生时,用1‰多菌灵溶液或浓石灰水上清液涂抹或喷洒,深入菌床时,把感染部位挖掉,并喷0.2%多菌灵于料面。

②链孢霉 在高温高湿条件下链孢霉最容易发生。竹荪菌床一般不发生链孢霉,但常污染竹荪菌种,当菌种瓶口的棉塞发生链孢霉时,应换上消毒过的棉塞。如瓶内已污染则应淘汰。

③毛霉 潮湿的培养料容易生长毛霉,但毛霉遇到竹荪菌丝时自然消失。

④青霉 竹荪菌种捡杂不彻底、棉塞潮湿等,在栽培时都能感染上青霉,如表面感染,可撒生石灰、多菌灵混合粉加以控制。

⑤根霉 根霉常发生在培养基的表面,其菌丝体生长蔓延快。根霉能分泌毒素,影响菌丝生长。

上述这些杂菌,如果发生在培养料上,可用石灰水洗,也可用石灰粉覆盖受害处,经5～6天后,再将石灰粉除掉。也可用1：500倍的多菌灵或托布津溶液喷洒杂菌部位表面。

(2)虫害的防治

①螨类 首先要以防为主。搞好菌场环境卫生,培养室、菌场使用前用敌敌畏喷洒,所用米糠、麦麸皮要新鲜,堆放场所要干燥通风,以免材料生螨;认真检查菌种,避免虫源从菌种中来。防治方法:螨类对肉骨头香味很敏感,趋性强,把肉骨头烤香后,置于菌床各处,待螨闻到香味,爬到骨头上时,将骨头投到开水中烫死螨虫。也可用双甲脒20%乳油加水500～700倍稀释喷床面效果特好,可杀死成虫。若杀螨卵,可用杀

螨特 500 倍液喷床,或三氯杀螨矾 100～800 倍液喷床面。

②线虫　主要消灭虫源,防止线虫进入菇房。栽培室及用具经熏蒸消毒后进料栽培。培养料要经高温处理杀死线虫及卵。覆盖材料使用前也要消毒或经热处理。菇房用水要清洁,以免线虫从水中进入。菇房发生线虫,可用磷化铝熏蒸。

③白蚂蚁　可自配药粉,喷施蚁路和蚁巢。亚砒酸 46％、水杨酸 22％、滑石粉 32％;升汞 50％、亚砒酸 35％、水杨酸 10％、氯化铁 5％;亚砒酸 80％、水杨酸 15％,氧化铁 5％。三种配制剂,每巢 6～15 毫升。如发现白蚂蚁在长竹荪的面料上,可涂 1：1 的煤焦油和防腐油的混剂,也可用黑木炭粉撒于蚁路,防止入侵菇场。

④蛞蝓　蛞蝓俗称鼻涕虫,又叫水蜒蚰。蛞蝓白天常躲藏在阴暗、潮湿的地方,黄昏出来觅食。蛞蝓能危害子实体,并在所过之处留下一道白色的粘液,危害严重时甚至把蕾吃光。防治方法:利用蛞蝓昼栖夜出的习惯,于晚上 9～10 点进行人工捕杀,连续两个晚上。也可以在蛞蝓出没的地方喷 5％的食盐水,或将生石灰撒在栽培场周围,每隔 3～4 天撒 1 次,以收到持续杀虫的效果。

⑤红蜘蛛　虫体红色,个小,常在林地栽培中发现。可喷 1：100 倍的乐果和石硫合剂消灭。

⑥跳虫　色灰,比芝麻还小,体表有油质,常游在水面上,每年可繁殖 6～7 代,主要危害竹荪子实体,也可危害菌丝体,并传播病菌。可用 1：1000 敌敌畏加少量蜂蜜诱杀。生长子实体后,可喷 1：100 的除虫菊。子实体生长阶段不宜用农药,以免影响食品卫生。

(3)菌蕾萎烂等病的防治

①缺水性萎蕾　表现菌蕾色变浅黄,外膜收缩皱褶;手抓

菌蕾内外滑脱,撒开肉质呈白色,质地柔软;闻无味道。检测:翻开培养料,菌丝萎黄,基料干燥松散,含水量40%～45%。原因:堆料播种时水分不足,或料被晾干、晒干;通风过量或罩膜不密有破洞;光照过强,水分蒸发量大。措施:夜间灌跑马水于畦沟内,清早排除,以补充基料水分;喷雾增湿,喷头朝上雾状喷水,制造空间相对湿度;然后罩膜保湿;调节荫棚遮盖物,避免强光照射。

②渍水性萎蕾 表现菌蕾褐色或深褐色,外膜皱纹清晰,手抓菌蕾内外滑脱,撒开肉质呈褐色或紫黑色,质地脆断,闻有沤水味道。检测:基料黄色,下层基料黑色,菌丝甚少。折断竹木基料明显渍水,含水量70%以上。原因:场地整理欠妥,畦面四周高于中间,畦沟超过料底;喷水过量,基料积水;覆土过厚或土质板结,透气性差,水分蒸发难。措施:挖深畦沟,排除积水;挖去畦床两旁外缘覆土,将毛竹管插进畦床料内,让空气透进基料,蒸发内含水分,然后再行覆土,增加通风次数适当延长通风时间;畦床凹陷积水难排的,应采取"剖腹开沟",让积水流出后复原。

③病毒性烂蕾 表现菌蕾黑褐色,外膜收缩脱节,摇动即断,手捏肉质呈豆腐渣状,色极黑;闻有氨水味道。检测:去表层覆土见菌索发霉,基料2厘米以下菌丝正常。原因:放射菌或其他杂菌侵袭菌蕾。措施:受害地及四周5厘米处撒上石灰粉,2天后清除残余,重新上料覆土;减少或暂停喷水,降低地湿和空间湿度,抑制杂菌滋生蔓延,加强通风,使畦床内空气新鲜。

④菌蕾外膜增厚破口困难 多发生在后期,菌蕾饱满,深褐色,久停不变。检测:撕开外膜,其比正常增厚2～3倍,且质硬,拉而不断。原因:气温较高,为防御和抵制外界不适环境,

菌蕾内部加快新陈代谢,细胞里营养不断输出外膜,使其逐渐增厚。措施:人工"助产",用刀片在菌膜尖端割"X"形,使营养液外流,即可收缩抽柄。如果1天后仍然不能抽柄,可在早晨把外膜剥开。助产后要喷水罩膜保湿2小时,即可抽柄撒裙。

⑤菌裙粘连不垂 表现:抽柄正常,菌裙紧粘在菌盖的边缘,难于撒裙下垂。原因:多因罩膜不严保温差,畦床内干燥,相对湿度低于75%,致使菌蕾收缩闭守无法伸张而粘连。措施:重水喷洒后罩紧盖膜1～2小时,再揭膜通风,畦沟浅度灌水增加地湿;荫棚光照调整稍弱。

⑥子实体鹿角形 表现:菌柄正常抽出,菌裙2/3收缩贴粘,另1/3直垂或翘上,形成鹿角状态。原因:缺氧,没有进行常规通风,二氧化碳浓度过高。据测定每朵竹荪每小时能排出二氧化碳0.05克。二氧化碳浓度高于1%时,菌裙难以形成,甚至溃烂。措施:增加通风次数,适当延长时间;荫棚南北向草帘打开通风窗,使空气流畅,用井水、泉水喷雾增湿。

25. 怎样采收竹荪?

(1)掌握成熟期 竹荪子实体成熟,都在每天上午8～12小时抽柄撒裙,气温适宜速度甚至更快。当菌裙撒完,孢子胶体自溶并淌滴时已成熟,立即采收,否则子实体溶化或斜倒地面,降低品质。竹荪成熟期,菇潮集中,但因菌蕾发生快慢、生长体态大小、抽柄撒裙亦有先后,所以每天均有子实体成熟。因此无论产菇多少,都要坚持每天采收1次。每个菇潮从开采到结束,一般15～25天。第一菇潮采收后仅隔3～5天,第二潮菌蕾又相继地出现,气温适宜条件下,不到25天又可开采,所以前后潮基本上可衔接,整个采收期有4～5个菇潮。

(2)注意采收方法 先用小刀从菌托底部切断菌索,采下子实体,及时剥离顶端菌盖和菌柄下的菌托,留下菌柄和菌裙;或用手拨开菌托至底部,让菌柄裸露,再行一手固定菌托,一手摇摆并旋转菌柄,使其脱离菌托即可取出完整的柄与裙。由于成熟的子实体质脆易断裂,所以无论采取哪种方法采收,都要注意轻取轻放,保持菌柄和菌裙的完整,切勿扯破或弄断。竹荪抽柄撒裙速度很快,如果采收来不及时,可先把菌盖摘下,使孢体组织脱离不流淌,然后再行一朵朵地采收。采下来的竹荪,放入竹篮、竹筐内,不可用袋装,也不要用清水洗,以免挤压孢体溶化,降低品质。竹荪产季,如果气温降低,温度达不到要求时,抽柄撒裙困难,可采取人为迫使抽柄撒裙。即菌柄伸出 1/3 长时,连同菌托一起,提前采摘回来,置于室内铺地薄膜上,喷水加湿,再罩紧薄膜,加温,促进顺利抽柄撒裙。采收中,目前各地均有只取菌柄菌裙部分作为商品上市,而菌托却仍在菇场外霉烂,甚至诱导病害。菌托虽价值低,但可作为药用,应同时收晒存用,不可放弃。

26. 怎样进行竹荪的干制?

(1)自然干制 即依靠太阳晒干或热风干燥(阴干),其优点是节约能源,设备简单,操作也比较容易,只要晒场和简陋的工具。把采收回来的竹荪,一朵朵平摆在晒帘上,让烈日曝晒,大晴天连晒 2 天,即可干燥。晒干的产品色泽白中稍黄,朵形收缩皱褶。干后略经返潮即可包装。

(2)机械脱水加工 随着商品化生产的出现和国际市场对竹荪品质的要求不断提高,加工必须采取机械脱水。采用机械脱水的干品,色泽鲜白,朵形疏松不收缩,其成品的大都分为一级品,符合出口要求。凡有电源条件的地方应采取机械脱水加工。机械脱水干燥应注意以下几点。鲜竹荪摆放:排放时按其大小、厚薄、干湿分开。要把厚、小、较干的放在上层；大、湿的放在中层；不良的放在下层，但不能距地太近，一般40厘米。为使竹荪干燥过程清洁，色泽鲜白，可将纸张或纱布铺设在筛上，然后排放竹荪，不但避免竹荪粘于筛面，而且脱水出来的干品色泽鲜白美观。烘房的预热：进荪前，烘房要先预热，使脱水机内温度达到40℃～45℃；当竹荪放进去后，烘房温度应降到30℃～35℃。掌握温度：所有竹荪装入后，立即提高温度达40℃，加大风量使其排湿保持1小时，然后升高7℃，时间半小时，再升高10℃，保持半小时。此时开窗看菌柄颜色有否变化，如有水珠，立即降温到40℃，加大通风量。如色白，无水珠，可以稳定在50℃～55℃，保留1.5～2小时，并调整排湿窗，使烘房内热风循环。每次升降温度都必须在半小时前开窗察看颜色，以便升降温时避免菌柄出水、变黑。最后用手摸竹荪，若稍干色白，再升温至60℃保持30分钟，立即取出，略经回潮后就可包装。

（3）**电热烘干**　少量产品可采用远红外线灯泡或石英暖炉烘烤。在烘箱内设200瓦远红外灯线灯泡2个，将竹荪置于烤板上烘烤。

（4）**炭火烘烤**　可先将木炭点燃，拿掉冒烟的木炭，再用草木灰压火后烘烤。若采用煤火烘烤，应在火上放一钢板或铁锅，让火散发热量烘干竹荪。量大的可用砖砌或纤维板围成烘房烘烤。竹荪吸收烟雾能力强，采用木炭或煤直接烘干时，应除去烟雾；烘房要通风排湿，上面要设排湿口，下面要有通风口，并装好鼓风机；烘筛要洗净晒干，涂一层薄薄猪油，防止竹荪烘干后粘在筛上不易取下。竹荪干品易碎，应与烘干筛一起取出，经20分钟回软后再包装，防止破碎。无论是晒干、脱水、烘干的竹荪干品，都必须当天收装塑料小袋内，并扎紧袋口，防止回潮变色,集中后及时送往收购单位。

27. 怎样进行竹荪的分级包装?

竹荪分级,按照条形长短,肉质厚薄,分档归类,捆成小把。通常每把50～100克,用红线或塑料编织带,两端扎或腰间扎均可。捆把后再在阳光下晒去潮气,装入白色透明塑料袋内。每袋装500克,并放入吸潮剂变色硅胶5克,排出袋内空气,然后密封袋口。竹荪品质以菇身干燥,色泽鲜白略带微黄,有光泽,柄裙完整,肉质肥厚,疏松不僵结,长短均匀,气味清香,无断裂者为上品;菇身干燥,色淡黄,肉质稍薄,条形稍瘦,细长为中品;菇身略潮,色深黄,条细肉瘦,柄裙断裂者为下品。除此之外均为等外品。竹荪分级,目前国家还没有规定统一的商品检验标准,均由各生产区自行制定。一般情况下,是按大小、色泽、完整程度不同进行分级。一级品:长12厘米,宽4厘米,色白,完整;二级品:长10～11厘米,宽3厘米,色稍黄,完整;三级品:长8～9厘米,宽2厘米,色黄,略有破碎;四级品(等外品):长7厘米以下,色深,有破碎。

二、平　菇

28. 平菇有什么营养和药用价值？

　　平菇类是当今世界上栽培最多的四大食用菌（蘑菇、香菇、草菇、平菇）之一。据统计，1979年全世界平菇总产量达32 000吨。平菇食味虽不如蘑菇鲜美，也不如香菇具有浓郁香味，但营养成分却很丰富。据分析：平菇蛋白质含量为21.175%，比香菇高3.128%。在所含18种氨基酸中，甲硫氨酸1.27%，比蘑菇（0.063%）、香菇（0.17%）都高得多。凤尾菇还含还原糖0.87%～1.8%，糖分23.94%～34.87%。每100克鲜菇含维生素C32毫克，比香菇23.32毫克及蘑菇16.8毫克分别高8.68毫克和15.20毫克。矿物质含量也十分丰富，每100克含磷9 500毫克、钾700毫克、镁1 500毫克、钠450、铁233毫克。经常食用平菇类菇体，能调节新陈代谢，降低血压、减少血清胆固醇。对肝炎、胃溃疡、十二指肠溃疡、软骨病等都有疗效。对患有更年期综合征的老年妇女也有调理作用。据日本学者研究，还有抑制癌细胞增生的功能，能诱导干扰素的合成。

29. 平菇的形态特征是什么？

　　(1)菌盖　平菇系大型菇类，菌盖宽5～20厘米或更大。子实体小时，菌盖为圆形、扁平，成熟后则依种类不同发育成耳状、漏斗状、贝壳状、肾状、舌状、喇叭状等形态，衰老时菌盖边缘发生反卷波曲和龟裂现象。不同品种的菌盖往往颜色不同,有白色、微黄、白黄、金黄、浅褐、灰褐或蓝褐色和黑色等。同一品种不同时期颜色亦有差异,初时颜色较深,后期较淡。菌盖表皮与菌褶之间的组织是菌肉,为白色。菌盖与菌柄连接处下凹,此处常有棉絮状绒毛。

(2)**菌褶**　菌褶是平菇的有性繁殖器官,着生于菌盖的下方,每个菌盖的菌褶多达数百片,每片宽 0.3～0.6 厘米,质脆易断。平菇的菌褶一般延生,极少弯生,长短不一,通常为白色,少数种类伴有淡褐色或粉红色等。

(3)**菌柄**　平菇的菌柄通常侧生或偏生于菌盖的下方,与菌肉紧密相连,无菌环,白色,中实,肉质或稍具纤维质。菌柄的长短、粗细及基部绒毛的多少,依种类的不同而有差异。同一品种在不同栽培环境或不同栽培方式下菌柄的长短亦有差异,在段木上生长或瓶栽未去棉塞时菌柄很短,甚至近似无柄;在地道和室内栽培时,特别是通风不良、氧气不足时菌柄较长,甚至只长菌柄,不长菌盖。一般来说,菌柄长 1～5 厘米,粗 0.5～1 厘米,柄基部常被有绒毛。

30．怎样制平菇菌种?

(1)**母种**　母种培养基可用马铃薯 200 克,葡萄糖 20 克,琼脂 20 克,水 1 000 毫升;或马铃薯 200 克,黄豆粉 100 克,蔗糖 20 克,琼脂 20 克,水 1 000 毫升;或马铃薯 200 克,葡萄糖 20 克,磷酸二氢钾 3 克,硫酸镁 1.5 克,维生素 B_1 10 片,水 1 000 毫升;或高粱粉 30 克,维生素 B_1 10～20 毫克,琼脂 10 克,水 1 000 毫升;或玉米粉 40 克,琼脂 20 克,蔗糖 20 克,水 1 000 毫升。将培养基装入试管,高压灭菌 30～40 分钟,制成斜面备用。将引进的斜面菌种挑取 0.2～0.3 厘米厚的一块,移植到新制备的斜面培养基中央,在 25℃ 下培养,1 周后可长满斜面。分离菌种通常采用组织分离法和孢子分离法。组织分离法:选八成熟的平菇,从内挖取比米粒稍大一块菌肉,接种到斜面中央,然后放在 25℃～27℃ 下培养,7～9 天可长满斜面。孢子分离方法很多,最简单的是褶片贴附法。用镊子剥取一片菌褶,贴附到斜面培养基对面的试管壁上,在室温为 20℃～25℃、有充足散射光的条件下,经 6～8 小时,培养基表面就会出现明显的孢子印。此后,取出菌褶,放到 25℃ 下培养,经 10～12 天菌丝长满斜面。

(2)原种 培养基组分为:木屑 78%,麦麸 20%,蔗糖 1%,石膏 1%;或切碎的稻草(5 厘米长)78%,麦麸(或米糠)18%,石膏 1.5%,碳酸钙 1.5%,过磷酸钙 1%;或稻草粉 75%,麦麸 20%,蔗糖 1%,石膏 1.5%,碳酸钙 1.5%,过磷酸钙 1%。原料加水充分混匀后装瓶。麦粒菌种小麦用清水浸泡 12～24 小时,煮熟,滤去多余水分,加入 1.5% 碳酸钙、1% 石膏粉,每瓶装 150～200 克消毒。每试管接 3～5 瓶,在 25℃ 下培养。

(3)栽培种 培养基和原种相同,25℃ 下培养 12～15 天,菌丝即可长满瓶。大量生产可用箱式培养。将稻草切成 6～8 厘米长,在 0.5% 石灰水内浸泡 12～24 小时,再用清水冲洗,或在沸水内煮 15～20 分钟,趁热上床。如用棉籽壳,在料内另加 0.5% 石灰水即可。培养菌种用的木箱要用浓石灰水涂刷后晒干。每箱容量不超过 10 千克。接种时,先放一层菌种,然后放一层培养料,再放一层菌种、一层培养料,共放 3～5 层,逐层压实,每层培养料厚度不能超过 10 厘米。表层再放一层菌种后,用薄膜包好,经 15～20 天后即可做栽培种用。

31. 怎样选购优质平菇菌种?

(1)优质平菇菌种的标准

①平菇母种的培养特征 菌丝生长粗壮整齐,洁白浓密,菌丝爬壁能力强。菌丝长满斜面时,子实体原基尚未分化,培养基未收缩,无杂菌。

②平菇原种和栽培种的培养特征 菌丝密集,洁白,长势均匀粗壮,呈绒毛状,有爬壁现象。菌龄以25天左右为宜。在原种和栽培种的培养过程中,有时会出现以下情况:培养基上方出现子实体原基,说明菌种已成熟,应尽快使用。菌丝生长不均匀,可能是由于培养料过干或过湿,也可能是由于培养温度过高所致,这样的菌种一般不用。菌种瓶(袋)有杂菌污染或菌柱收缩,脱离瓶(袋)壁,底部出现积液,应予以淘汰。

(2)菌种质量检验方法

①直接观察 对购买的菌种或保存的菌种首先用肉眼观察包装是否正常,有无发生老化现象和污染,在检验批量原种和栽培种时,可取出1瓶(袋)菌种,从瓶(袋)内挑取小块菌丝体,观察其颜色和均匀度,并用手指捏料块检查含水量是否符合标准。

②菌丝生长速度 将平菇菌种接入新配制好的试管斜面培养基上,置于适宜温度条件下进行培养,如果菌丝生长迅速,整齐浓密,健壮有力,则表明是优良菌种;若菌丝生长缓慢,或生长速度特别快,稀疏无力,参差不齐,易衰老,则表明是劣质菌种。

③耐高温测试 对一般中低温的菌种,可先将母种试管数支置于最适温室下培养,4天后取出部分试管置于35℃环境中培养,24小时后再放回适宜温度下培养。经过这样偏高

的温度处理,如果菌丝仍然健壮,旺盛生长,则表明该菌株具有较耐高温的优良特性。反之,菌丝生长缓慢,且出现倒伏发黄、萎缩无力则认为耐热性较差。

④吃料能力鉴定 将菌种接入较适培养基配方的原种培养基中,置于适宜温度条件下培养,观察菌丝的生长情况,如果菌丝块能很快萌发,并迅速向四周和培养料中生长伸展,则说明该菌株的吃料能力强、生活力旺盛。

⑤出菇试验 经上述几方面检验后认为是优良菌种,则可进行扩大转管,然后取出一部分母种用于出菇试验,以鉴定菌种的实际生产能力。这是一项至关重要的工作,每个菌种经营者均必须做到。

(3)选购菌种应注意的事项 ①到信誉好的菌种场购买,如食用菌科研单位和大型菌种场。②仔细观察菌种的纯度,凡发现杂菌污染的菌种就不能购买。③菌丝色泽要纯正,购买时应选择生长旺盛、无老化变色现象的菌种,最好选购刚刚长至瓶(袋)底但未完全长满的菌种,凡是瓶(袋)口菌丝与瓶(袋)壁分离的且萎缩的菌种,都是老龄菌种。抽取几瓶(袋)菌种,揭开棉塞,用鼻闻菌种是否有平菇固有的香味,若有霉、腐气味则不能购买。

32. 平菇的栽培原料有哪些?

(1)主要原料

①棉籽壳 是棉籽加工后的副产品,质量较稳定,结构疏松,通气性能好,有一定的保水能力,是栽培平菇的理想原料。进行栽培平菇时,选用短绒较多的棉籽壳,较易获得高产稳产。每100千克干棉籽壳产鲜菇一般在120千克左右,高产的达200千克以上。

②废棉 又叫废棉渣、破籽棉、落地棉、地脚棉等。来源于棉花加工厂,一般价格较棉籽壳高。废棉也是栽培平菇的上等原料,等级较多,短绒纤维少、杂质多的废棉由于易发热,栽培平菇易发热烧菌,在南方较少使用,特别是在气温较高时床栽难以获得成功。短纤维多、杂质少的废棉则是平菇床栽、砖栽的最理想材料之一,产量一般不低于棉籽壳。

③稻草或麦秆 稻草、麦秆原料丰富,尤其在棉籽壳供应紧缺、价格偏高的情况下,越来越多的菇农采用稻草作为栽培平菇的主原料。但由于稻草、麦秆的物理性状较差,且缺乏营养,适当的预处理成为栽培平菇成功与否、产量高低的关键之一。目前处理稻草的常用方法有:切碎浸泡。将稻草、麦秆切成 10 厘米以下的小段,用 3%～5% 的石灰水浸泡 12 小时左右,具体时间视当时的气温而定,气温高浸的时间短些,反之则浸的时间长些。浸好后捞起沥去多余水分,盖上薄膜发酵 5～7 天。堆制发酵时,稻草、麦秆量最少不少于 50 千克(干料计),只有达一定量才能达到发酵的目的。粉碎拌料:用粉碎机装上直径 3～5 厘米的筛网进行粉碎,粉碎后的稻草、麦秆与其他原料拌匀后加水翻拌堆制发酵 2～3 天即可使用。为了使稻草、麦秆增加含氮量,目前开始采用添加固氮菌的方法促使被切段或粉碎的稻草、麦秆发酵。经发酵的稻草、麦秆质地松软,保水性能得到改善,含氮量增加,产量明显提高。

④木屑 是传统的栽培平菇的主原料,在棉籽壳较便宜时已很少使用。近年来,在棉籽壳价格高、成本增加的情况下,许多菇农以木屑为主,适当添加棉籽壳(30%左右)和其他辅料栽培平菇取得了理想的产量。栽培平菇的木屑以杂木屑为主,具体树种与栽培竹荪的树种相同。通常无油性、无强刺激性气味的木屑均可栽培平菇。此外,桑树枝等灌木材料或野草

晒干粉碎后亦可用来栽培平菇。

⑤玉米芯　是一种代替棉籽壳的栽培原料,通常在无棉籽壳时使用,每 100 千克玉米芯添加一定量的其他辅料可产鲜平菇 60 千克左右。玉米芯组织疏松,保水性较差,栽培时最好添加 30% 的废棉或棉籽壳。此外,酿酒工业的下脚料酒糟和花生壳、豆秆等亦可栽培平菇。利用这些材料栽培平菇时,通常要与棉籽壳或木屑等混合使用。

(2)辅料

①麸皮、细米糠、玉米粉、玉米皮　含有平菇生长发育所需要的氮源和碳源及维生素等营养物质。陈旧或变质的麸皮、细米糠、玉米皮中的营养物质含量大幅度下降,极易孳生螨虫。因此,选用麸皮或米糠作辅料时应力求新鲜。添加量一般为 5%～10%。

②花生麸、棉籽饼、菜籽饼　含有较丰富的氮及其他营养成分,能促进菌丝的生长,延长出菇的时间,增加产量,特别是用稻草、木屑等营养相对缺乏的物质作原料种平菇时,添加这些辅料增产效果明显。添加量一般为 3%～5%。

③石膏或碳酸钙　石膏可直接补充平菇生长所需的硫和钙等营养元素,对平菇菌丝在培养料中产生的酸性物质具有中和缓冲作用。培养料中添加石膏,还可使秸秆软化,防止酸性发酵,石膏还可改善培养料的蓄水性。生石膏和熟石膏均可使用,但要粉碎;无石膏时,亦可用碳酸钙,或两者混合使用,添加量一般为 1%～1.5%。

④糖　在培养料中添加糖分,主要是供给菌丝培养初期的碳源,菌丝直接利用,并诱导纤维素酶的产生。生产上常用红糖和白糖。红糖较为经济,且葡萄糖含量较高,并能满足菌丝体在生长过程中对铁、锰、锌等微量元素的需求,但红糖易

受潮结块,在高温高湿下酵母菌会在其上大量繁殖,易使培养料发酸。因此,最好随购随用,添加量一般为1%。

⑤过磷酸钙或复合肥　添加过磷酸钙可以补充平菇培养基中磷和钙元素,过磷酸钙还是常用的酸碱调节剂,有改善培养料理化结构的作用。无过磷酸钙时亦可用复合肥,添加量一般为1%～1.5%。

⑥石灰　在平菇生产过程中,一般都要添加一定量的石灰,通常使用的是熟石灰粉。添加量为1%～5%。具体添加量要根据石灰的质量、栽培时的气温及培养料是否发酵等因素来决定。通常石灰质量差、气温较高、发酵时间长,石灰的用量适当增加;反之,用量适当减少。添加石灰的作用主要有如下3个方面:首先是杀菌,因为石灰具有杀菌作用,培养料中添加石灰有减少污染的作用,特别是生料栽培时,效果更加明显;其次是补钙;此外,还有中和平菇生长过程中分泌的酸性物质的作用。

⑦其他　干菇栽培时通常还添加一定剂量的菇类增产素和杀虫剂、杀菌剂等。

33. 平菇对环境条件有哪些要求?

(1)营养　平菇属木腐生菌类。通过纤维素酶、淀粉酶及果胶酶等的作用,能将纤维素、半纤维素、木质素及淀粉、果胶等成分分解成单糖或双糖等营养物被吸收利用作为碳源;还可直接吸收单糖、有机酸和醇类等,但不能直接利用无机碳。平菇所需的氮源主要有蛋白质、氨基酸、尿素等。蛋白质要通过蛋白酶分解,变成氨基酸后才能被吸收利用。在菌丝生长阶段,培养料中的含氮量以0.061%～0.064%为宜;子实体发育阶段,培养基中含氮量宜为0.016%～0.032%。培养料中的碳氮比(C/N)是否恰当,会影响平菇的生长发育,菌丝生长阶段,C/N 以 20:1 为宜,子实体发育阶段,以 30～40:1 为好。平菇生长发育中还需要一定的无机盐类,磷、钾、钙、镁的最适浓度为 100～500 毫克/升。钙有促进出菇的效果。平菇还需要一定量的维生素,如维生素 B_1、维生素 B_2 及维生素 C 等,其浓度为 5～10 毫克/升。一些生长调节剂对平菇生长发育也有一定促进作用。如挖瓶压块时加入三十烷醇,菌丝愈合时间比对照提前 10 天,扭结现蕾提前 5～9 天,产量提高 5%～25%。三十烷醇使用浓度以 0.5 毫克/千克最好。使用萘乙酸和吲哚丁酸可明显促进菌丝生长,萘乙酸能增产 15%,吲哚丁酸增产 11.2%。

(2)温度 平菇在 0℃～30℃之间能形成孢子,但以 12℃～18℃时形成最好。孢子在常温 13℃～18℃都能萌发,而以 12℃～18℃时发芽最好。孢子在常温中生活力能保持 3～4 个月。菌丝生长的温度范围为 24℃～27℃,以 24℃～27℃为最适宜。高于 35℃时,生长菌丝易老化、变黄;低于 7℃,生长缓慢;40℃停止生长,45℃时死亡。有些种类的菌丝在 40℃下经过两天也会死亡。菌丝抗寒力强,能忍耐 -30℃ 的低温。斜面母种在 -10℃处放 20 天,再转入 27℃环境中能很快恢复生长。平菇的不同种类对子实体分化要求的温度有明显差别。大致可分为低温型、中温型和高温型三个生态类型。

低温型如糙皮侧耳的各品种:港平、佳平、义平等,子实体分化温度为 8℃～18℃,达 23℃子实体不能发生,即使产生也只能长成菇体弱小、菌柄粗大或菌盖皱缩的畸形菇。中温型如凤尾菇、金顶侧耳、佛罗里达平菇及柳平、上海白平菇等,子实体分化的最高温度在 28℃以下,最适温度为 20℃～24℃,如凤尾菇子实体分化最适温度 25℃,高于 25℃或低于 15℃,子实体较小,至 30℃生长缓慢。高温型子实体分化的最适温度为 24℃以上,最适温度在 30℃以上。据报道,侧五在室温为 20℃~30℃时可正常出菇。平菇子实体分化需要变温条件的刺激,在一定的温度范围内,昼夜温差大,能促进子实体分化。

(3)湿度 平菇耐湿力较强,野生平菇在多雨、阴凉或相当潮湿的环境下发生。在菌丝生长阶段,要求培养料含水量在 65%~70%,如果低于 50%,菌丝生长很差,而含水量过高,料内空气缺少,也会影响菌丝生长。当培养料过湿又遇高温时,会变酸发臭,且易被杂菌污染。子实体发育要求空气相对湿度为 85%~90%,在 55%时生长缓慢,40%~45%时小菇干缩;高于 95%,菌盖易变色腐烂,也易感染杂菌有时还会在菌盖之上发生大量的小菌蕾。

(4)光照 平菇的菌丝在黑暗中能正常生长,有光可使菌丝生长速度减缓。子实体分化发育需要一定的散射光,光线不足,原基数减少,已形成子实体的,其菌柄细长,菌盖小而苍白,畸形菇多,不会形成大菌盖。据报道,在人防地道或地下室,光照强度必须在 50 勒以上,平菇的多数菌蕾才能形成正常的子实体;凤尾菇菌丝长满后,必须及时给予 250~1 500 勒的散射光照,才能出现原基。但是,直射光及光照过强的也不能形成子实体;超过 2 000 勒时,凤尾菇有受害表现。

(5)空气 平菇是好气性真菌,菌丝和子实体生长都需要空气。菌丝生长阶段能耐较低的氧气压,可以在半厌氧条件下生长。而子实体发育阶段,对氧气的需要急剧增加,宜在通风良好的条件下培育,空气中的二氧化碳含量不宜高于 1%,缺氧时不能形成子实体,即使形成,有时菌盖上产生许多瘤状突起。

（6）**酸碱度** 平菇对酸碱度的适应范围较广,pH 值在 3～10 范围内均能生长,但喜欢偏酸环境,pH 值为 5.5～7 时菌丝体和子实体都能正常生长发育。凤尾菇最适宜 pH 值为 6.5～7,佛罗里达以 pH 值为 6.5～7.5 菌丝生长速度最快,而且粗壮。平菇生长发育过程中,由于代谢作用产生有机酸和醋酸、琥珀酸、草酸等,使培养料的 pH 值逐渐下降。如用稻草做培养料,在偏碱的条件下,出子实体时,pH 值已下降到 4.8～5.5。此外,培养基在灭菌后 pH 值也会下降,所以在配制培养料时应调节 pH 值到 7～8 为好。

34. 目前栽培平菇有哪些优良菌种?

（1）中国农业大学生物学院食用菌研究所

① 农大 11 号 出菇温度 5℃～30℃,子实体灰白色。朵大、肉厚,高产、优质,抗杂、耐水,柄短,耐二氧化碳。

② 农平 1 号 出菇温度 2℃～26℃,子实体黑褐色。丛生,朵大圆整、柄短、肉厚,抗病力强,不易死菇。

③ 农平 2 号 出菇温度 5℃～30℃,子实体灰白色。叠生盖大肥厚,转潮快,出菇集中,潮次分明,表现稳定。

④ 农平 3 号 出菇温度 6℃～32℃,子实体灰色。丛生,发菌快、出菇猛,菇体美观,抗病力强,转潮快,产量集中。

⑤ 农平 4 号 出菇温度 3℃～29℃,子实体灰黑色。抗霉菌、细菌、病毒、虫害能力较强,发菌、出菇较快,菇形好。

⑥ 农平 5 号 出菇温度 5℃～26℃,子实体黑色。丛生,墩大、朵密,菌盖厚实,出菇时菇蕾布满整个出菇面,头潮菇单丛重 0.5～1.5 千克,抗冻结冰不死菇,转潮快,少孢、抗病,出菇期柄略长,成熟后柄短,适玉米芯、棉籽皮袋料栽培。

⑦ 农平 6 号 出菇温度 2℃～32℃,子实体灰白。丛生,

墩大、盖圆整、柄短肉厚,发菌、出菇、转潮快,菌丝分解营养能力强,无论在玉米芯或棉籽皮基质上,均表现出良好的丰产性,一个栽培周期可收获 6～8 潮菇。

⑧农平 7 号　出菇温度 2℃～30℃,子实体深灰色。菇体柄短,盖圆整、厚实、弹性强、丛小片大、耐水,产量稳定。

⑨农平 8 号　出菇温度 4℃～30℃,子实体深灰。叠生、盖大、肉厚,柄短粗,耐水、耐二氧化碳,转潮快,死菇少。

⑩农平 9 号　出菇温度 2℃～30℃,子实体黑褐色。子实体中叶、丛生,肉厚柄短、组织致密,潮次分明,出菇集中。

⑪农平 10 号　出菇温度 2℃～32℃,子实体黑褐色。野生分离新品种,叠生,盖特大、厚重沉实、不易破碎,喜氮,发菌快,出菇略迟,无柄,菇体美观,适多种原料,不易死菇,较耐高温。

⑫农平 11 号　出菇温度 3℃～32℃,子实体灰白色。出菇猛、转潮快,菇体肉质肥厚,丛大叠生,无畸形,耐重水。

⑬特白平菇　出菇温度 5℃～28℃,子实体洁白。无论气温高低、光线强弱子实体均为白色,丛大,形美,抗病。

(2)华中农业大学菌种实验中心

①华平 16　出菇温度 3℃～30℃,灰白、盖厚柄短,韧性好,质优高产,新育品种。

②华平 36　出菇温度 3℃～31℃,灰白,盖大肉厚柄较短,高产,适温较广,新品种。

③华平 97-2　出菇温度 5℃～31℃,白色,菇体肥厚,韧性好,高产,较耐高温。

④华平特白　出菇温度 3℃～24℃,洁白,盖中大柄短,韧性好,色泽不随气温变化。

⑤华平 26　出菇温度 3℃～30℃,灰黑,圆正肉厚,韧性

好,适温广,高产良种。

⑥华平 49　出菇温度 3℃～30℃,灰黑,片大肉厚,韧性好,圆正美观,出菇转潮快。

(3)上海市农业科学院食用菌研究所菌种厂

①高优抗　出菇温度 1℃～30℃,产量高 20%,品质优,菇丛生,边内卷,柄较短,韧性好,抗病强,抗黄枯绿霉病。

②高平 3 号　出菇温度 10℃～34℃,耐高温,品质佳,菇形好,有韧性,产量高。

③姬菇 6 号　出菇温度 10℃～23℃,灰色,中温型,菇形好,产量高,口感好。

④姬菇 8 号　出菇温度 8℃～21℃,深灰色,菇形好,产量高,口感佳,抗病强。

(4)浙江省农业科学院食药用菌研发中心

①平秀一号　出菇温度 10℃～35℃,色白,夏季正常出菇,抗杂高产(另有多个高温平菇菌株)。

②P40　出菇温度 10℃～34℃,夏季可正常出菇,菌丝抗杂力强,菇体白色,韧性好菇形美观。

③P87-7　出菇温度 10℃～30℃,色浅白,适应性广,丛生,丰产。

④秋栽 1 号　出菇温度 10℃～30℃,色灰白,丰产,韧性好,菇质优。

⑤新侬 1 号　出菇温度 5℃～30℃,灰白色,丛生,高产抗杂,可生料栽培。

⑥黑平 1 号　出菇温度 5℃～30℃,色深灰,有光泽,菇形美观。

⑦英国平菇　出菇温度 5℃～25℃,色灰,丛生,高产,从英国引进。

⑧白雪小玉平　出菇温度 4℃～24℃,菌盖雪白如玉,柄短,韧性好,柄短,国内市场鲜菇畅销,出口专用品种。

(5)湖北省食用菌研究中心

①P01　出菇温度 10℃～35℃,浅白,菌盖中型偏大,出菇快,产量高,性能稳定,中高温良种。

②高 30　出菇温度 10℃～34℃,浅白,盖中大,抗杂,转潮快,高产。

③M1　出菇温度 10℃～34℃,浅白,盖大,优质,耐高温,产量较高,适应性广,传统良种。

④华平 2000　出菇温度 3℃～30℃,灰白,菌盖扇形,朵型较大,抗杂高产;菇体美观,产量高,最新选育良种。

⑤华平 28　出菇温度 4℃～28℃,灰白,盖中大,肉厚,菇体丛生,菇形较好,抗杂高产,最新选育良种。

⑥华平 963-1　出菇温度 3℃～26℃,深灰色,朵大,肉厚,柄较短,韧性好,抗杂高产,深色良种。

⑦华平 97-2　白色,菌盖大,肉厚,抗杂高产,浅色良种,适多种培养料栽培。

⑧复壮 802　出菇温度 4℃～28℃,灰白,盖大肉厚,柄短,菇形圆正美观,极受菇农欢迎。

⑨华平 9 号　出菇温度 4℃～30℃,灰白,朵大肉厚,抗杂高产,适稻草等多种培养料栽培。

⑩8804　出菇温度 4℃～30℃,深灰色,盖大肉厚,扇形,丛生,韧性好,高产抗杂,传统良种。

⑪华平特白　出菇温度 4℃～22℃,洁白,盖中大,肉肥厚,柄特短,韧性好,耐贮运,菌盖颜色不随温度变化。

⑫姬菇 5 号　出菇温度 6℃～25℃,浅灰,丛生,个小,味美,出菇快,产量高,适盐渍加工。

⑬秀珍菇 2 号　出菇温度 12℃～26℃,灰褐色,盖圆,柄中长,单生或丛生,菇型中小,鲜嫩可口,极具开发价值。

(6)河南省科学院生物研究所真菌实验厂

①新 831　出菇温度 5℃～32℃,自育,河南栽培量最大,叠生,灰白色,柄短盖厚,出菇齐,潮次明,高产稳产。

②豫平 1 号　出菇温度 3℃～32℃,叠生,深灰色,柄短盖厚,韧性好,耐运输。

③豫平 2 号　出菇温度 4℃～33℃,叠生,浅白色,柄短盖厚,商品性好,抗杂高产。

④豫平 3 号　出菇温度 2℃～32℃,叠生,灰黑色,菇体肥厚,抗逆性强,优质高产。

⑤豫平 5 号　出菇温度 12℃～34℃,叠生,白色,朵大,转潮快,较耐高温。

⑥台湾特白　出菇温度 5℃～28℃,叠生,雪白色,柄短,朵大肉厚,商品性好。

(7)江苏省江都市天达食用菌研究所

①特早新丰　出菇温度 3℃～34℃,灰白,柄短盖大,早秋可上市。

②早秋 615　出菇温度 6℃～33℃,灰黑,中等偏大,柄短,单产高。

③天达 85 号　出菇温度 1℃～32℃,浅白至灰白,菇片整齐,盖厚。

④抗病 265　出菇温度 3℃～32℃,深灰色,柄短盖圆,抗病强。

⑤江都 9745　出菇温度 2℃～32℃,黑褐色,大朵丛生,叶片均匀。

⑥天达 300　出菇温度 1℃～32℃,浅白至灰白,簇生大

棵,高产。

⑦高抗 1 号　出菇温度 2℃～32℃,浅白至灰白,柄短紧凑,抗病。

⑧高抗 48　出菇温度 0℃～32℃,浅白色,盖叠生,抗病,转潮快。

⑨江都 5178　出菇温度 5℃～32℃,黑褐色,肉厚韧性好,产量高。

⑩抗病 2 号　出菇温度 2℃～32℃,深灰白,特抗黄菇病,产量高。

⑪江都 2002　灰色或灰褐色,抗黄菇病,高产。

⑫新侬 1 号　出菇温度 2℃～30℃,浅白色,柄短,抗杂能力特强。

⑬江都 20 号　出菇温度 2℃～30℃,浅白色,大朵形美,柄短高产。

⑭选拔 140 号　出菇温度 2℃～30℃,浅白色,株型紧实,不畸形。

⑮高产 5 号　出菇温度 3℃～30℃,浅白色,形美,高产优质。

⑯玉芯专一　出菇温度 2℃～28℃,最适玉米芯栽培,浅白色,柄短。

⑰木屑新 10　出菇温度 2℃～30℃,木屑栽培精选种,浅白色,肉厚。

⑱南京 1 号　出菇温度 3℃～30℃,深灰色,柄短,产量高。

⑲2180　出菇温度 4℃～30℃,黑褐色,肥硕光亮,韧性强。

⑳青丰 73-8　出菇温度 2℃～30℃,青灰色,柄短,抗细

菌性病害。

㉑玉芯专二　出菇温度 4℃～30℃,灰黑色,最适玉米芯栽培,优质。

㉒草优 2 号　出菇温度 3℃～30℃,灰褐色,盖厚,稻草、秸秆料高产。

㉓雪美 F2　柄短,叠生,洁白如玉。

㉔910　出菇温度 4℃～29℃,菇体洁白,柄短,优质。

㉕黑平 A3　出菇温度 0℃～25℃,色泽乌黑,极耐低温,盖大。

㉖P25　鼠灰色,柄短,肉厚,韧性强。

(8)河北省微生物研究所

①冀微 2000　出菇温度 5℃～22℃,灰白色,盖大不易破碎,抗性好,适秋、冬季栽培。

②冀微 2001　出菇温度 6℃～23℃,灰白色,抗病力强,菌盖肥大,耐重水。

③冀微 2002　出菇温度 6℃～23℃,灰白色,脱毒菌种,出菇早,菌盖肥大,耐重水。

④冀微 TD-3　出菇温度 4℃～28℃,灰色,脱毒菌种,抗高温,菇体柔韧性好,抗黄斑病。

⑤冀微 961　出菇温度 5℃～22℃,灰白色,丛生,柄短肉厚,菇型大,产量特高。

⑥2026　出菇温度 4℃～28℃,灰色,抗高温,抗逆性强,菇体商品性好,适鲜销。

⑦灰平 JW-9　出菇温度 6℃～24℃,深灰黑色,朵型大,肉质肥厚,抗病力强,高产。

⑧JW-10　出菇温度 5℃～24℃,深灰色,菇片肥大,柄短肉厚,菌褶白色,产量高。

⑨长江 946　出菇温度 7℃～25℃,灰白色,肉质肥厚,柄短,出菇齐,潮次多。

⑩野丰 118　出菇温度 4℃～24℃,灰白色,潮次均匀,产量稳定,耐重水,盖大。

⑪澳黑　出菇温度 5℃～25℃,灰黑色,耐贮运,产量高,菇质细腻,适口性好。

⑫西德 99　出菇温度 5℃～26℃,灰黑色,肉厚,菇体大,抗性好,转潮快,早秋栽培。

⑬5526　出菇温度 6℃～23℃,深灰色,耐二氧化碳,抗杂,柄短,盖大,丛生,覆瓦状。

⑭黑平 A　出菇温度 4℃～28℃,深灰黑色,耐低温,转潮快,不宜破碎,丛生。

⑮平菇 2019　出菇温度 4℃～27℃,深灰褐色,覆瓦状,丛生,盖大,柄短,大中叶型。

⑯太空二号　出菇温度 4℃～24℃,深灰黑色,果型大,肉质肥厚,抗病力强,高产质优。

⑰平菇 2019　出菇温度 6℃～23℃,深灰色,菌丝粗壮,朵型大,菌褶细白,高产。

⑱冀农 11　出菇温度 8℃～30℃,深灰色,柄长,丛生,是小平菇种,产量特高,中温型。

⑲无孢 5 号　出菇温度 6℃～22℃,灰色,丛生,菌柄中长,孢子少,可作小平菇种。

⑳4011　出菇温度 8℃～28℃,雪白色,柄短,细嫩,口感好。

(9)福建省食用菌学会

①平杰 1 号　出菇温度 15℃～32℃,菇体近白色,产量特高,较耐贮放,丛生。

②平高 1 号　出菇温度 15℃～37℃,菇体近白色,产量高,转潮快,抗污染。

③科大 6 号　出菇温度 20℃～32℃,菇体白色,朵大肉厚,产量高,口感好。

④凤杰 1 号　出菇温度 15℃～26℃,菇体灰白,朵大肉厚,产量高,丛生。

(10)山东省济宁市光大食用菌科研中心

①新育 2000　出菇温度 15℃～36℃,灰色,耐高温,出菇转潮快,柄短,盖大,抗病。

②白鲍鱼菇　出菇温度 2℃～28℃,雪白,盖中等,肉厚质优,四季出菇,不变色。

③新驯 2001　出菇温度 4℃～27℃,洁白,菇盖鲜丽中等厚实,柄短、韧性,耐贮运。

④高温 678　出菇温度 12℃～37℃,白色,杂交种,肉厚,柄短,转潮快。

⑤P678-3　出菇温度 10℃～37℃,浅灰,高温型,发菌快,抗杂强,出菇猛,产量高。

⑥FG595　出菇温度 3℃～32℃,灰黑,广温型,柄短,盖厚,光滑圆正,出菇密集。

⑦FG645　出菇温度 4℃～28℃,灰白,菇大朵,丛生,柄短,肉厚,孢少,水大不死菇。

⑧FG9808　出菇温度 4℃～29℃,黑褐,中叶厚,柄粗短,潮次分明。

⑨京引黑 5　出菇温度 5℃～27℃,黑色,菇整体美观,丛生,柄短,肉厚,耐水,稳产。

⑩鲁农黑平　出菇温度 3℃～32℃,黑色,盖肥厚,朵圆正,菇体黑有光泽,抗病,适温广。

(11)山东省金乡真菌研究所

①烟平 19　出菇温度 0℃～22℃。

②南京 1 号　出菇温度 2℃～24℃。

③原子平菇　出菇温度 0℃～22℃。

④强盛 1 号　出菇温度 0℃～22℃。

⑤鸽翅平菇　出菇温度 6℃～26℃。

⑥黑平王　出菇温度 2℃～24℃。

⑦黑汉王　出菇温度 2℃～24℃。

⑧夹河 995　出菇温度 4℃～26℃。

⑨德国 3 号　出菇温度 4℃～28℃。

⑩819　出菇温度 2℃～26℃。

⑪88　出菇温度 4℃～24℃。

以上菌种是该所从大面积栽培平菇品种中筛选,抗杂分解力强,生料栽培污染率低。发满菌能迅速大量出菇,转潮快。转化率高,第一潮菇收 200%,菇体黑色至蓝色,盖肥、肉厚、光亮、耐老化、柄粗短,丛生特大墩。菇体耐运耐二氧化碳,耐大水耐低温,用不同原料栽培均能高产,是春节、国庆上市的最优菌种。

(12)黑龙江省中联食用菌研究中心

①中联 26 号　出菇温度 12℃～36℃,新育品种,丛生,洁白如玉,特抗高温,菇质韧性好,极抗杂。

②中联 3 号　出菇温度 4℃～32℃,新育品种,灰白色,大丛生,菇形紧凑,菌发好即出,转潮快,耐水耐运,抗杂。

③中联 11 号　出菇温度 2℃～30℃,特大野生分离,浅白色,大丛生,柄短肉厚,紧凑圆正,韧性好,耐大水,转潮快。

④苇河黑平　出菇温度 2℃～30℃,黑灰色,筐栽在 8℃～12℃时丛大 18 千克,菇体绵软,柄短而粗,特抗杂。

⑤龙研94　出菇温度2℃～28℃,杂交品种,洁白色,丛生,盖大柄短,出菇快,转潮快,韧性好。

⑥木兰白平　出菇温度4℃～28℃,野生菇分离,盖厚,柄短,洁白发亮,菌丝粗壮,特抗杂,转潮快,丛生。

⑦龙研33号　出菇温度2℃～26℃,野生分离,大规模试验冬季特丰产,浅白色,大丛生,盖大肉厚,转潮快,耐低温。

⑧低温灰平　出菇温度2℃～26℃,大丛生,菌盖肥大,特耐低温,生长快,抗杂强,转潮快,冬栽良种。

⑨松岭褐平　出菇温度2℃～28℃,野生菇分离,叶大肉厚,特抗杂,转潮快,高产。

(13)湖北省嘉鱼县环宇食用菌研究所

①特抗早丰　出菇温度2℃～34℃,丛生,盖圆,柄短肉厚,抗病,转潮快。

②环宇218　出菇温度3℃～32℃,柄短,菇形紧凑,抗逆性强,高产。

③嘉选108　出菇温度4℃～32℃,盖大,柄短,出菇整齐,耐二氧化碳。

④嘉鱼2006　出菇温度2℃～30℃,木屑首选种,盖大肉厚,韧性强,高产。

⑤环宇159　出菇温度2℃～28℃,浅白色,丛生,耐二氧化碳,耐水,盖圆正,柄短。

⑥嘉鱼2007　出菇温度2℃～30℃,玉米芯精选种,柄短,耐二氧化碳,不易死菇。

⑦嘉鱼2008　出菇温度3℃～29℃,盖厚,菇形美,韧性强,抗黄菇病,高产。

⑧长江999　出菇温度3℃～30℃,丛生,盖圆肥大,不碎,味鲜,菇质优。

⑨环宇 2119　出菇温度 3℃～32℃,特适稻草栽培,盖厚,韧性好,不易发黄。

⑩双抗王　出菇温度 3℃～29℃,柄短,盖大,厚实,抗霉菌、病毒能力强。

⑪牌洲湾 2 号　出菇温度 2℃～30℃,少片,大盖,柄短,肉厚,耐二氧化碳,耐运输。

⑫环宇 5180　出菇温度 2℃～30℃,出菇早,整齐,柄短盖厚,抗病能力极强。

⑬牌洲湾黑 7　出菇温度 0℃～28℃,盖大,肉厚,味鲜,抗病,极耐低温。

⑭秋冬黑　出菇温度 2℃～28℃,有光泽,柄短,丛生,耐二氧化碳,耐低温。

⑮白玉 96　出菇温度 3℃～28℃,洁白如玉,盖圆正,柄短,韧性强。

⑯玉丽 1 号　出菇温度 3℃～26℃,柄短,菌盖圆正,菇形美观,商品性极好。

⑰早熟 5-1　出菇温度 10℃～38℃,灰褐色,出菇转潮快,不发黄,柄短。

⑱夏灰 1 号　出菇温度 12℃～38℃,灰褐色,特抗病害,耐高温,柄短,盖大。

⑲伏优王　出菇温度 15℃～36℃,白色,盖大,高温不黄,转潮快,抗病。

⑳改良夏王 40　出菇温度 10℃～36℃,白色,菇形圆正,柄短,肉厚,抗杂。

㉑姬菇 7 号　出菇温度 5℃～24℃,灰色,丛生,盖小,柄长,肉质细嫩,高产。

㉒小平菇　出菇温度 4℃～27℃,灰黑色,出菇密集,菌

盖小,柄长。

(14)江苏省高邮市食用菌研究所

①高邮800　菇体色泽偏白,品质特优,出菇温度2℃～32℃。大朵,柄短,片大小匀称,肥大厚实,菇形美,韧性特好,抗病能力强,产菇6～7潮,产量高。

②1300　浅灰白色,秋、冬季出菇多,转潮快,出菇温度2℃～30℃,每丛一般10～15片,菇大整齐,菇体形状十分美观,韧性好,耐低温和二氧化碳,菌丝满袋出菇快,产菇6～7潮,抗病能力特强。

③高邮9400　白至灰白色,出菇温度2℃～33℃。用于春季、早秋、冬季栽培,丛生叠片式,菇盖厚实,柄较短,耐二氧化碳,抗杂强。

④9408　白至灰白色,出菇温度2℃～33℃,菇片特别整齐,菇形美观,韧性好,耐二氧化碳,抗病性强,出菇6～7潮。

⑤双抗黑平　深褐至黑色,出菇温度2℃～34℃,抗杂,抗病,优质高产,产菇6～7潮,耐低温和二氧化碳,朵形美,适广谱原料栽培。

⑥8801　深灰黑色,出菇温度1℃～30℃,菇大整齐,总产较高。菇体大朵叠生,叶片结合紧密,菇盖大小均匀厚实,袋栽两头出菇,抗黄褐斑病能力较强,耐低温、二氧化碳,采用任何原料栽培都能获得较高的产量。

⑦黑丰90　深灰黑色,出菇温度2℃～32℃,高产,菇盖乌黑油亮,菌褶白色细密,大朵,柄短,形美,菇盖厚实。抗病性强,产菇6～7潮,耐低温、二氧化碳、运输,适应各种原料栽培。

⑧春、秋抗王　灰白色,出菇温度4℃～32℃,抗病强,总产高,菇体大,叶片大小匀称,特肥厚,柄短,韧性极好,后劲

足。

⑨黑丰268 深灰黑色,出菇温度2℃～30℃,耐低温好,菇体乌黑光亮,菇大柄短,菇盖肥厚,形美,耐二氧化碳、低温,适各种原料栽培。

(15)江苏省姜堰市富达食用菌研究所

①姜堰18 出菇温度2℃～32℃,浅白色,大朵叠生,盖圆,柄短、肉厚、形美,耐重水,出菇、转潮快,潮次多,适多种原料栽培,抗病、抗杂,7～9潮菇,丰产性能好。

②黑平185 出菇温度2℃～32℃,灰褐色,广温型,抗黄菇病强,早秋9月上旬上市,大朵叠生,柄短、片大、肉厚,耐重水,转潮快。口感好。

③白玉特优 出菇温度3℃～30℃,洁白色,抗病、丰产,出菇、发菌、现蕾、转潮快,柄短或无,叶片厚,耐老化,耐重水。

④科创黑A 出菇温度2℃～32℃,黑褐色,菇体叠生,紧凑,叶大肉厚,成熟后菇盖内卷圆正,不易平展,耐运输,出菇快,抗杂力强。

⑤姜堰特抗 出菇温度2℃～31℃,灰至灰黑色,大朵叠生,柄短肉厚,形美,抗杂特强。

⑥科创特选 具丰产性,抗杂、抗病性强,柄短、片大、肉厚、形美,耐低温,转潮快,高产稳产。

(16)河北省武安市何氏食用菌产业中心

①何氏超级99 耐低温,大于2℃以上即可生长,菇体短期结冰不死菇,抗高温(30℃以内正常出菇)。菇体韧性好,肉质特厚,盖特大,圆整,柄短,色黑亮,褶洁白,高产,抗病,转潮快,抗病强。

②新澳丰 产量高,质量好,抗逆强。适温广(2℃～32℃),发菌、转潮快,菇盖厚,菇形美,不易破碎,可采7～9潮

菇,适各种原料栽培。

③黑平 03　出菇温度 5℃～30℃,冬季菇色黑亮,早秋深灰色,子实体丛生,质地密,盖圆、肉厚,柄短,高产不死菇。

④灰平 68　出菇温度 5℃～30℃,灰黑色品种,盖大、圆整、无斑点,柄短、肉厚,不畸形,褶白、细密,口感好,高产,优质,抗病型。

⑤大白平　出菇温度 10℃～34℃,菇体丛生,叶片大,抗高温,夏季浅白色,早秋灰白色。

⑥2002-2　出菇温度 3℃～29℃,墩大,盖圆,菇色深,肉质肥厚,质地致密,柄短,抗逆强,发菌、转潮快。

⑦2002-4　出菇温度 3℃～30℃,盖大、肉厚、色黑、褶白、柄短,抗逆强,不死菇,优质高产。

⑧黑平 04　出菇温度 2℃～30℃,新选育黑色品种。盖大色灰黑,肉厚,褶细且白,抗病高产,适合多种原料栽培。

⑨纯白平　出菇温度 5℃～28℃,菇色雪白、纯正,菇形美,可出 5～6 潮菇,产量高,是鲜销或出口加工纯白色菇的好品种。

(17)山东省寿光市食用菌研究所

①寿平 360　出菇温度 4℃～33℃,菇体紧凑、呈灰黑到黑色,菌盖表面光泽好,油光发亮,朵形大,菇盖圆正且肥厚,表面颜色均匀,柄短,抗病性强,韧性好,耐运输,产量高。

②高丰 3 号　出菇温度 2℃～32℃,灰白到浅白,广温型,菇体丛生叠片,紧凑,转潮快而集中,柄短,韧性好,菇形圆正,抗细菌性病害,出菇可达 7 潮以上。

③高平 10 号　出菇温度 12℃～36℃,浅灰白,耐高温,转潮快而整齐,潮期 6～7 天,片圆正,韧性好。抗病性特强,适合各种原料栽培。

④小平菇 9 号　灰黑色,出菇温度 2℃～32℃;转潮特快而整齐,耐低温,不出现黄菇病,丰产。

⑤寿研 028　出菇温度 3℃～30℃,片大肉厚,韧性强,商品性好,抗杂性强,产量高。

⑥大丰 66　出菇温度 2℃～32℃,灰色到黑灰,柄短,子实体叠形丛生,菌褶细密雪白,转潮特快,耐运输,抗细菌性病毒性病害强。

⑦温丰 20　出菇温度 2℃～32℃,灰黑色,耐高温、低温,菇形圆正,朵大,韧性好,片肥厚,柄短,抗病性强,产量高,适合各种原料及场地栽培。

⑧灰平 2 号　出菇温度 2℃～30℃,菇体肥厚,灰黑到深灰色,转潮快而整齐,商品性好,柄短,抗细菌性病害强,柔韧耐运输。

⑨平大丰 425　菇形圆整美观,褶细密雪白。出菇温度 2℃～34℃,菇体光滑圆整,出菇快,后劲足,不出现黄菇病,出菇 8～9 潮。

⑩平寿丰 8 号　出菇温度 3℃～30℃,色灰黑,褶细密雪白,出菇整齐,菇形紧凑,菌丝粗壮,后劲足,高抗黄菇病。

⑪平大丰 66　出菇温度 2℃～32℃,灰黑色,适温范围出菇,菇形紧凑、美观,转潮快,菌丝生长势强,高抗各类病害,适合各种原料栽培,耐高温、低温,产量高。

(18)湖北省武汉市华奉食用菌研究所

①华奉 1 号　出菇温度 3℃～30℃,灰白,盖中大,肉厚,抗病抗杂,高产,质优,形美。

②华奉 2 号　出菇温度 3℃～30℃,灰白,盖中大,肥厚,抗杂,产量高,形美,质优。

③华奉 3 号　出菇温度 3℃～32℃,灰白,盖中大,质优,

80

适合多种原料栽培,返潮快。

④复壮 802　出菇温度 2℃～28℃,灰白色,柄短,片大,抗杂,适多种原料栽培,后劲足。

⑤华奉 5 号　出菇温度 2℃～30℃,灰黑,片中大,质优,抗病,抗杂,耐运输。

⑥华奉 6 号　出菇温度 3℃～32℃,灰黑,圆正,抗杂抗病,覆土更高产,返潮快。

⑦2003　出菇温度 3℃～30℃,黑色,片大肥厚,圆正,抗病,抗杂,高产。

⑧乳白平　出菇温度 8℃～35℃,乳白,柄短,质优,抗杂,返潮快,耐运输,高产。

⑨高 30　出菇温度 5℃～34℃,白色,片中大,返潮快,抗杂,抗病,后劲足。

⑩姬菇 5 号　浅灰,白色,两个品种。盖小,质优,高产,抗杂。

35. 怎样进行平菇的畦栽?

畦栽栽培场所多选择在塑料大棚、果树林下进行,有时也可在瓜、豆棚下进行。

(1)栽培场地选择及做畦　在塑料大棚或果树底下栽培时,通常要先做畦。先将栽培场地的土翻松,撒些石灰,然后挖沟做畦,畦面宽 1 米左右,畦间挖成沟深 15 厘米左右,沟底宽 40 厘米,沟面宽 50 厘米,畦的长度以 4～5 米为宜。做畦后,畦面、畦侧及沟底的土要拍打结实,畦面撒一层石灰粉,若土太干燥、应喷水加湿。在塑料大棚内栽培,大棚除塑料薄膜外,还要盖黑纱网或稻草、树皮等遮阳物,在南方最好不能有阳光直接照射畦面。在果树下面栽培时,在遮荫度不够的地方搭架盖好遮阳物。

（2）**原料的准备** 畦栽的原料及处理方法与床栽的相同，但培养基中一般都不加麸皮等营养丰富的辅料。

（3）**铺料播种** 播种时的气温最好在20℃以下，铺料前，通常先垫一层经消毒的薄膜，亦可铺一层薄稻草或麦秆。先在上面撒一层菌种，菌种量为总种量的1/4，播种的宽度约80厘米，四周多播些，中间少播些。然后铺一层5厘米左右厚的培养料（经堆制发酵的料温要降至25℃以下），再将1/4的种播在料上面，同样是边缘多播些，中间少播或不播。播种后再铺一层5厘米左右的培养料，最后将剩下的1/2种播在料面。此时菌种要播均匀，播完后用木板轻轻拍打，将菌种与培养料紧密接触，以利于菌丝萌发。播完种后随即盖上薄膜。铺料播种时，料面最好是龟背形，以防积水。薄膜上面要用砖或土压住，防止被风吹开。

（4）**菌丝培养** 菌丝培养前期的管理重点是控制好料温，避免高温烧菌，同时防止杂菌和害虫侵入。首先要盖好遮阳物，尽量避免阳光直射畦面。菌丝生长过程中会产生大量热量使料温升高，通过加强通风来散热，必要时还要揭膜降温。经常检查是否有杂菌污染，若发现有杂菌污染，在污染处撒些石灰。若发现培养料内有酒、酸等异味，应增加揭膜换气的次数及时间，揭膜通风后及时盖好薄膜，防止害虫侵入产卵。当菌丝长满料面后，相应减少揭膜的次数，以利于保湿。如果气温偏高，要做好降温措施，此时若发现有虫害，要用药液喷杀。正常情况下，15天左右菌丝长满料面，25天左右长透培养料。

（5）**出菇管理** 当菌丝长透培养料达到生理成熟时，要拉大日夜温差，增加通风和光照。空气湿度要达到90%左右，具体要求参阅袋栽及床栽出菇管理有关内容。畦栽平菇通常空气相对湿度较难控制,通常子实体在原基形成揭开薄膜后,要在畦上架起小拱棚,上盖塑料薄膜进行保湿,气温低时兼作保温用。盖薄膜后会导致供氧不足,因此要适当掀开通风换气,喷水时要把薄膜揭开。子实体长至七成熟的即可采收。

(6)平菇畦栽的"转潮"管理 畦栽平菇子实体形成生长批次较为明显,每潮菇采收后至下一潮菇的发生称为转潮。转潮的快慢主要由气温和栽培品种特性决定,亦与培养料的含水量是否合适和营养状况有关。一般转潮时间为 7 天左右,有的需要 15 天左右。正确管理时,使转潮增快是提高产量的重要措施之一。每次采菇后,应清除菇床表面的死菇及菇脚等。如畦面菌皮过厚,要用铁丝或竹片等将料面划破,行距 10 厘米左右划线,深度 3 毫米左右,然后喷雾加湿,适当通风使料面不再有积水时盖上薄膜。如果湿度过大,要过 1 天再盖薄膜。若有菇蝇等害虫,应喷药,待药味散发后再盖薄膜。当子实体重新形成时,再用小拱棚架起薄膜,进行前述的方法管理。如果管理得当,可收 4~5 潮菇。整个栽培周期可长达 3 个月。

36. 怎样进行平菇的床栽?

(1)原料的准备和处理 ①棉籽壳 88%、麸皮 5%、石膏粉 1%、磷肥 1%、石灰 5%,pH 值为 8~9,含水量 55%~60%。如不加麸皮,棉籽壳用量为 93%。棉籽壳先用石灰水浸泡,石灰用量通常为 2%。浸透后捞起堆制发酵,堆制方法与生料袋栽的堆制相似,待料温达到 50℃以上时维持 2 天,进行翻堆。翻堆时,将辅料与棉籽壳充分拌匀,再堆 2~3 天。加辅料时,先将麸皮与 1/3 的多菌灵混合,混合方法是先将多菌灵用适量水溶解,然后喷淋在麸皮上,充分拌匀,然后再与磷肥、石膏、石灰一起与棉籽壳混合拌匀,最后用拌料机拌匀,剩下的 2/3 多菌灵在二次发酵前加入。②废棉 92%、石膏 1%、磷肥 2%、石灰 5%,含水量 50%~60%,pH 值为 8~9。废棉先用石灰水浸泡浸透后捞起,堆垛发酵时,底下要垫竹或木,以利于沥去多余的水分,堆制发酵过程及辅料的添加方法与棉籽壳的处理方法相同。③稻草 60%、棉籽壳或废棉 28%、麸皮 5%、石膏 1%、磷肥 1%、石灰 5%,含水量 60%,pH 值为 8~9。稻草要切段或粉碎,用石灰水浸泡,最好与棉籽壳或废棉一起堆制发酵。底下先垫一层棉籽壳或废棉,上面铺一层稻草,稻草上面再铺一层棉籽壳或废棉,重复铺料,共 3 层棉籽壳或废棉,2 层稻草,每层的厚度视料的比例而定。堆好后高度 1.3 米左右,宽 1 米左右,长度 2 米以上。最好每隔 50 厘米纵横穿通气孔,以利于充分发酵。堆 3~4 天翻堆 1 次,翻堆时可将棉籽壳与稻草充分混合,将其他辅料加入,再堆制 3 天左右。二次发酵:进行二次发酵前,先将培养料散堆,再将剩下的 2/3 的多菌灵加适量的水溶解,均匀地喷在料上,边喷边翻拌或用拌料机拌匀。第一种二次发酵方法是:将培养料搬入专用的发酵房,铺在床架上,床架宽约 1.2 米,通常设 2 层。最低层离地 40 厘米左右,第二层与第一层相距 60 厘米,与房顶相距约 1 米,床架的数量根据房的大小而定。床架间距离 0.8~1 米,以手推车能进入为准。料铺在床上的厚度为 40 厘米左右,采用波浪形或在料中间打洞,以利于充分发酵。铺好料后,通入蒸汽,料温达到 60℃时维持 6 小时,然后停止加温,让其继续发酵 1~2 天。在整个发酵过程中,应适当送入空气,或打开窗换气。最好每次能发酵干料重 1 000 千克左右。为提高工作效率、减少劳动强度,亦可将培养料用竹(木)框或塑料框装好放入发酵室,再通蒸汽,但框之间应有适当空隙。这种发酵无需床架,房的体积亦可相应减少。框的大小以搬动方便为好。一般每框装湿料 30 千克为宜。另一种二次发酵方法是:将堆制发酵过的培养料直接搬入栽培房,铺在床架上。上面两层铺料的厚度为 7～10 厘米,气温高时铺 7 厘米左右,气温低时铺厚一些。最低一层暂时先不铺料,底下第二层厚 16 厘米左右。铺料后,通入蒸汽加温,如有地下煤炉加温的亦可用煤加温当料内温度达到 60℃时维持 6 小时,停止加温,维持发酵 1～2 天,发酵期间要适当换气。

(2)**铺料播种** 将在发酵室二次发酵后的培养料搬入栽培房,铺在培养架上。采用层播法播种的,应先在床架上铺一层薄膜,后在薄膜上面撒一层菌种,用量为每床菌种用量的 1/4。边缘多播些,中间少播。播种后铺料,料的温度必须在 25℃以下,料的厚度约 3 厘米,在料的上面再铺一层菌种,用量与第一次相同,即总用种量的 1/4。菌种播在边缘,中间不播或少播。播完第二层种后,再铺一层 4 厘米左右的培养料,铺好后将剩下的菌种即总用种量的 1/2,均匀地撒在料面上,用手或木板拍打,使菌种与培养料接触良好,以利于菌丝的萌发。播种后,及时盖上薄膜。培养料直接在菇房内进行二次发酵的播种通常采用点播加散播的方法。将菇房的门窗打开,排除房内废气,降低料温,将上面两个床的料适当拌松,将下面第二层的料的一半搬至底层铺好。当料温降至 25℃以下时播种,先点播,即每隔 10 厘米左右播一点,将菌种放入料内 3 厘米左右处,然后用料盖住,用种量为总用种量的 1/4～1/3。将剩下的菌种撒播在料面,用手或木板拍打,以利于菌丝萌发。床栽用种量通常为干料重的 12%左右。播种后盖好薄膜。

(3)**菌丝培养** 播种后菌丝培养主要使料内温度不要超过 25℃。当料温超过 25℃时,应加强通风换气降温。当料温超过 28℃时,应掀动薄膜降温。培养室空气湿度以 70%左右为宜。一般情况下,15 天左右菌丝可长满料面,25 天左右可长透培养料。

（4）**出菇管理** 平菇菌丝长透培养料达到生理成熟后,料面会有浅黄色透明水珠出现,表明子实体即将形成。从播种至子实体原基形成通常需要 35 天左右。菌丝长透培养料后适当增加培养室的光线和增加通风换气,人为增加菇房内的日夜温差,刺激子实体原基形成。待有大量子实体原基形成时,揭去薄膜,并保持室内空气相对湿度 90%左右。以喷雾方式加湿,以少量多次喷雾为宜,一般每天喷 3 次左右。晴天多喷,雨天少喷。待菇盖平展、边缘稍有内卷、孢子尚未弹射时即可采收。采完一潮菇后,适当清理床面,盖上薄膜 3 天左右,喷水 1 次,可适当加增产量,一般 5 天左右第二潮菇子实体原基开始形成。通常可收 4～5 潮菇。

37. 平菇的袋栽法怎样进行？

（1）**熟料栽培**

①培养基配方和调配 棉籽壳 90%、麸皮或细米糠 5%、磷肥或复合肥 1%、石膏或碳酸钙 1%、石灰 3%,含水量 60%,pH 值为 8～9。调配时,棉籽壳先用石灰水浸透,捞起堆制发酵 2～5 天,后与其他辅料拌匀;含水量偏低时,通过喷雾加湿,偏湿时适当摊开蒸发多余的水分或适当多加些麸皮或细米糠,最后测 pH 值宜高不宜低。木屑或稻草粉 85%、麸皮（或细米糠、玉米皮）7%、花生麸（或玉米粉、菜籽饼、棉籽饼）3%、磷肥或复合肥 1%、石膏或碳酸钙 1%、糖 1%、石灰 2%,含水量 60%,pH 值为 8～9。原、辅料充分拌匀后,边喷水边翻拌,至含水量 60%为止。稻草粉（或木屑）58%、棉籽壳 30%、

麸皮或细米糠 5%、花生麸(菜籽饼、玉米粉)3%、磷肥或复合肥 1%、石膏 1%、石灰 2%,含水量 60%,pH 值为 8～9。棉籽壳先预湿,然后加入其他材料充分拌匀,边喷水边翻拌,至含水量 60% 为止。玉米芯 65%、棉籽壳 20%、麸皮或细米糠 8%、花生麸或菜籽饼 3%、磷肥或复合肥 1%、石膏 1%、石灰 2%,含水量 60%,pH 值为 8～9。将玉米芯与其他材料(棉籽壳先预湿)充分拌匀,边喷水边翻拌,至含水量 60% 为止。在气温较高时,各配方辅料麸皮、细米糠、花生麸、菜籽饼的用量适当减少,并添加多菌灵或克霉灵,可减少污染,降低料温。以稻草为主原料时,可先将稻草添加固氮菌进行发酵,增加稻草的营养,改善其物理性状。

②装袋、灭菌　装袋时,将袋的一端 7 厘米左右处折叠好或用脚踩住,然后将培养料装入袋中,适当压实,装至离袋口 7 厘米左右时,将料压平,套上套环。袋调头,将折叠的一端袋口的料压平,若料太满应取出,若不够应补足,使料面离袋口 7 厘米左右。套上套环,待两边都套好套环后,用薄膜封口,用橡皮筋或旧自行车内胎切剪的胶圈拴紧薄膜和套环。培养料装好后,及时搬入灭菌锅灭菌。

③接种　当灭菌锅(灶)内的温度降至近室温时,将料袋搬入接种室或接种帐。接种处可用紫外线照射和福尔马林熏蒸消毒,亦可用气雾消毒剂或其他消毒剂消毒。当料袋温度降至 28℃ 以下时可进行接种。接种时,最好 3 人或 4 人一组,2 人或 3 人专门解袋口,待接种后再封袋口。1 人专门放菌种。通常每瓶 750 毫升菌种瓶装的菌种可接种 10 袋左右(料袋两头接种),14 厘米×27 厘米的菌种袋装的菌种可接种 12 袋左右。按种完后,将料袋搬进培养室进行培养。

④菌丝培养　培养菌丝的培养场所进行必要的消毒与杀

虫处理。培养菌袋通常采用单排叠堆的方式排放。堆放层数及排之间距离视气温而定,温度较低时,菌袋可堆6~8层,排距15厘米左右即可。气温高时,通常堆3~4层,排间距50厘米左右。夏季反季节栽培通常单层或2层排放,亦可"井"字形排放。料温不超过30℃,以20℃~25℃为宜。培养场所尽量保持黑暗,接种后10天内要勤检查,发现污染的要及时捡出处理。菌丝培养相对湿度70%左右。正常情况下,菌袋经25天左右培养,菌丝可长满全袋,接种至子实体原基的形成一般需35天左右。

⑤出菇管理　菌丝长满全袋后,就地出菇或搬到出菇场地出菇。就地出菇时,排间距以采摘方便为标准,通常相距50厘米左右为宜。出菇前要给予一定的散射光,增加通风,适当拉大昼夜温差,增加空气相对湿度,从而刺激子实体的形成。一般情况下菌丝长满后给予低于20℃的温度。原基形成后,温度保持20℃~25℃。一般空气相对湿度以90%左右为宜。子实体形成初期以空间喷雾加湿为主,保持地面湿润,不干燥。当子实体菌盖大多长至直径3厘米以上时,可直接喷在菇体上,空气相对湿度最好不要低于80%,以90%左右为最佳。采完一潮菇后,停止喷水3天左右,然后重新喷水,刺激新一潮菇的形成。在人防工事等场所应安装照明灯来增加光照,刺激子实体的形成。菌丝生长期无需经常通风,菌丝亦能正常生长。子实体形成和生长发育阶段需要足够的氧气,必须加强通风换气。一般的出菇场地适当打开门窗即可,人防工事或地下室栽培要人为送风换气,一般七成熟即菇体颜色由深变浅,菌盖边缘尚未完全展开,孢子未弹射时采收最好。

(2)生料袋栽　平菇的生料袋栽在温度较低的北方较易获得成功,在华南地区,特别是广东、海南气温较高、湿度较大,要进行生料栽培平菇,除要求栽培者有丰富的经验外,还要选择在气温较低的 11 月底至翌年的 3 月初,通常在 11 月底至翌年 1 月初接种,12 月底至翌年 3 月初出菇。在海拔高的山区,生料袋栽的时间可适当提前和延长。

①培养基的调配 棉籽壳 92%、磷肥 1%、石膏粉 2%、石灰 5%,含水量 60%,pH 值为 8~9。棉籽壳用石灰水浸透后捞起,沥去多余的水分,盖上薄膜堆制发酵,料堆宽 1 米、高 1.3 米左右、长 2 米以上,待料内温度达 50℃以上时保持 2 天翻堆,翻堆时将磷肥、石膏、石灰等材料加入并充分翻拌均匀,再盖膜堆制 3 天,每次盖薄膜前喷敌敌畏或乐果杀虫。最好在料堆上每隔 50 厘米纵横穿直径 6 厘米左右的孔,这样可使发酵更充分。

②装料、接种 将堆制发酵的培养料加适量的多菌灵或克霉剂拌匀。添加方法是按培养基干料重的 0.1%~0.2%,加适量水溶解后以喷雾的方式加入,边喷边翻拌。最好用拌料机拌料,拌好后直接装袋接种,或再堆 4 小时左右再装袋接种。装袋接种时,先将袋的一端用绳扎好,将另一端打开,放一层菌种于袋底,厚度约 1 厘米。然后装培养料,装至袋长 1/3 处时,播一层菌种,菌种播在袋内的边缘,厚度约 1 厘米。再装培养料至袋长 2/3 处,再接一层菌种,方法同上。装培养料至袋口,空出部分以可扎紧袋口为准。若要缩短发菌时间,或塑料袋较长时,可播 5 层种 4 层料。菌种使用量为干料重的 15% 左右。

③菌丝培养 一种是将料袋单层横放在培养架上;另一种是单层竖放在水泥地面上,气温高时袋间距相距远些,气温低时相距近些。若气温低于 15℃,可采用多层叠堆排放,当料温超过 25℃时,要散堆降温和通风。接种后 2~3 天即可看到

菌丝从菌种块上萌发,袋内温度会逐渐上升,若气温超过28℃时,要加强通风。当菌丝向料内伸长2厘米左右时,检查所有料袋菌丝的生长情况,发现污染或菌丝不萌发吃料的应及时拣出处理。检查时,用消毒过的圆珠笔芯粗细的铁丝或稍粗的缝纫针在接种层部位打孔,供通气换气,一般每个接种层等距离打5~6个孔,孔的深度3厘米左右。若接种后气温低于10℃,可用薄膜覆盖保温。发菌期间,空气相对湿度以65%左右为宜。一般情况下20天左右菌丝即可长满全袋。

④出菇管理　生料袋栽出菇管理时,温度、湿度、光照、通风等管理与熟料袋栽出菇管理相同,但生料袋栽的出菇方式有所不同。在培养架出菇时,通常将料袋单层横排在培养架上,相距约10厘米,待菌丝长满即将出菇时,在料袋上方用消过毒的锋利小刀划4个"×"长2厘米左右的口,分别在袋的两端和接种时的菌种层处,也就是打通气孔的位置。若划"×"口前已有原基形成,"×"口应在子实体原基出现的位置。待子实体成熟采收后,将料袋上下翻转,用同样方法划"×"口。待子实体采收后,将料袋侧放,即将已划"×"口的位置朝向两侧,原来侧向的朝上下。在朝上的一面划"×"口,此时的口应与原来的"×"口错开,划3个即可。采菇后,上下调转再划3个"×"口,出完4次菇后,营养已基本消耗完。若在地面竖直排放出菇,应先调整好料袋间的距离,一般每4袋一排,袋间的行距约35厘米,株距25厘米左右,两排之间的人行过道以60厘米为宜。在调整位置过程中,用消过毒的锋利小刀在接种处,亦即是打通气孔处划"一"口,每层等距离划3个口,靠地面底层暂不划。若划口时已有原基形成,应在原基形成处划口。菇采完后,将料袋上下调转,用同样方式划"×"口,位置与第一次的错开。通常是划口的数量少,子实体单丛的重

量大,菌盖较厚。相反,单丛重量小,菌盖较薄。若以采收幼菇为主,划口的数量可适当增加。两次划口并采收菇后,可将料袋横排,并将袋纵向剪开,但不要去掉,很快又会出一潮菇。

38. 怎样进行平菇仿工厂化高产栽培?

(1)栽培模式 食用菌工厂化栽培新技术的核心,就是在加强基料营养的科学调配基础上,根据栽培品种的生物学特性,运用现代高科技手段,自动调控水、温、气、光等各种生活条件,使食用菌栽培产量第一潮集中产出,不再管理和收获2潮,不间断地投料、发菌和出菇,循环往复,如同工业产品的流水作业。在该新技术中,根据平菇的生物学特性,结合国内生产状况和现有的投资水平以及市场需求等具体问题,建立了仅出头潮菇、每月投新料的仿工厂化生产模式。即:通过适当调控温度等条件,将发菌(包括菌丝成熟期)控制在 20 天左右,出菇时间(包括采收)控制在 10 天左右,只收获第一潮菇,即将菌糠清除出棚外;每月均进行栽培发菌和出菇,只是根据季节或当地温度等气候条件选择不同的品种(菌株)即可。头潮菇的生物学效率可达 100%,最高可超过 150%;且产出的菇品均为头潮菇,品质高,效益好。

(2)原材料选择和处理 菌种选用如农科 12、农科 6 号、119、2106 等。栽培料:棉籽壳(无霉变)、过磷酸钙、石膏粉、尿素等。添加剂:食用菌三维营养精素(拌料型和喷施型两种剂型)。消毒杀菌药物:蘑菇袪病王、强优戊二醛。配方:棉籽壳 250 千克、石膏粉 3.75 千克、过磷酸钙 5 千克、尿素 0.75 千克、食用菌三维营养精素(拌料型)1 袋,料水比为 1:1:5。使用其他秸秆如玉米芯、豆秸等原料时,辅料加倍,料水比为 1:1.8~2。拌料:主原料中加入石膏粉、过磷酸钙后,干料拌匀;尿素溶入水中,进行湿拌拌匀后再将食用菌三维营养精素溶入水中,边喷边拌,使之均匀沾附于原料颗粒上,即可装袋播种。

（3）**发菌管理** 发菌生产管理同常规,只需注意两点:首先是注意保温,其次是严防烧菌。尤其在气温低于 15℃时,菌袋必须码堆,才能保持相应的温度条件,一般要求保持15℃～30℃之间,当温度达 31℃以上时,应及时进行散热处理,方法是将菌袋散开,使之散热。否则,温度一旦超过 38℃,便极易发生烧菌。

（4）**病虫害预防** 据平菇对营养的需求,前期在配料中加入拌料型食用菌三维营养精素,使菌丝健壮、旺盛、抗性提高。在菌袋入棚前 2～3 天,对菇棚内地毯式喷施蘑菇祛病王 60 倍溶液,老菇棚尤其是上季生产中曾有病害发生时,应喷施 30 倍溶液,连续喷洒 2 次,然后密闭菇棚,2 天后即可启用。菌袋入棚后,每 5 天左右对墙体、地面、通风孔、门口等处喷施 100 倍左右的蘑菇祛病王溶液,间隔喷施 12 倍强优戊二醛溶液,预防病害效果十分明显。严格预防虫害:生产中的多发害虫主要品种为菇蚊、菇蝇等,产卵后造成为害。措施有:菇棚通风口、进出口等处封装防虫网,每 3 天左右在棚内喷施 200～300 倍食用菌驱虫灵溶液,该药物无毒、无残留,是目前防虫效果较好的药品。

（5）**出菇管理** 除常规进行水、温、气、光等方面管理外,该技术特别强调以下两点:

①**实施叶面施肥** 尽管平菇子实体不进行光合作用,但仿照作物根外追肥的原理,给子实体直接喷施营养,有不错的实用效果。一般可直接喷洒食用菌三维营养精素（喷施剂）,20℃以上棚温时,每天喷 1 遍,19℃以下时,隔天喷 1 次,一般

可增产 20％以上。

②**加强通风**　该技术要求菇棚内必须有良好的通风条件,如使用半地下菇棚等设施时,则应有强制通风装置,通风的原则是常通不止,直观感觉是人进入菇棚后,感觉空气新鲜、无明显的食用菌料味。

(6)注意事项

①**改进配方**　本技术配方中去掉了石灰粉、多菌灵等传统生产中常用的强碱及高残留药物,经两年多的推广证明,应用效果很好。

②**器具专用**　喷洒蘑菇祛病王和食用菌三维营养精素的喷雾器,应实行专用制度。

③**菇棚消毒**　收获后,应及时将菌袋清理出去并对菇棚进行 1 次彻底消毒,方法可参照前述内容。一般用药处理 2 天后即可重新启用。

④**两棚交替**　该新技术要求最好能进行周年不间断生产,故应建造两个菇棚,交替使用。如实际栽培面积 200 平方米时,则应建两个各为 200 平方米的菇棚,甲棚发菌,乙棚出菇;收获后,甲棚完成发菌就地出菇,乙棚内清理进行消毒后继续投料,播种发菌。

39. 怎样进行平菇二次覆土高产栽培?

平菇二次覆土栽培技术经大面积推广,秋季栽培生物效率 280％,比常规栽培增产 60％。

(1)品种选择　秋季栽培一般选中偏低温型品种,如新平 1012、佛罗里达、糙皮侧耳等丛生、抗霉菌能力强、产量高的优良品种。每 667 平方米用量一般为 400 千克左右。

(2)季节及场地安排　栽培季节一般安排在 9 月中旬至

10月中旬下种,11月中旬即可采收上市。栽培场地选单季稻或双季稻收割后的田块。土质要求砂壤土,向阳,排灌方便,南北向做畦。畦宽1.2米、长10~12米、高15~20厘米,畦间留40~50厘米沟兼做走道,开沟挖出的泥土另外堆放供覆土用。畦面上每平方米以梅花状摆放5~6个直径10厘米、高10厘米的土坨,摆放这些土坨有利菌丝保湿提高产量。在播前1周每667平方米用50千克碳酸氢铵加水500升在畦面上泼洒,以提高土壤肥力,有利于菌丝生长,后盖薄膜熏蒸杀虫。

(3)堆料与播种

①堆料发酵　选新鲜无霉变棉籽壳4 000~5 000千克(以667平方米计算),在太阳下曝晒2天,加入石灰60千克、石膏45千克、多菌灵3.5千克,与棉籽壳拌匀并加水。一边加水一边用脚踩棉籽壳使其吸水均匀,含水量达70%左右,然后建堆发酵。堆宽1.5米,高1.4米,长度不限。棉籽壳堆好后,顶部盖薄膜,旁边盖稻草以防雨淋,建堆后2天料温可达70℃,第五天进行翻堆,复堆后同样盖上薄膜、稻草,再过5天就可播种。

②铺床播种　播种前菌种瓶(袋)表面用0.2%高锰酸钾溶液消毒1次,用小刀割开菌袋(瓶装的用铁钩挖出),用手轻轻掰碎菌种。床面上先铺棉籽壳总量的30%(5~6厘米厚),播菌种总量的30%,再铺30%棉籽壳,播20%菌种,最后将剩下棉籽壳铺在第三层,把余下菌种撒在上面。播种要求均匀,料边适当多播些。播种后料面用木板压平,保证床面平整,菌种与棉籽壳充分粘合。最后床面上盖上薄膜,薄膜上盖5~6厘米厚稻草或草帘遮阳。播种3天后每隔2天于傍晚掀膜通风5~10分钟,然后盖回直到出菇。

（4）出菇管理

①第一潮菇　播种 30 天后菌丝发满，床面有原基形成，掀掉稻草、薄膜。床面上用长 2 米、宽 2 米的竹片架小拱棚，棚上盖薄膜，薄膜上盖草帘或稻草遮阳。白天棚内温度超过 20℃，棚两头要掀膜通风降温。每天早晚床面各洒 1 次水，洒水量多少要求床面不积水为宜。随着子实体的生长，洒水量要逐渐增加，棚内湿度保持 85%～90%，原基形成 10～12 天就可采收第一潮菇。第一潮菇采收后去除床面菇根，停止喷水养菌 3～5 天，养菌后连续喷 2 次重水，田块泥土如比较干燥可在沟里灌一次浅水保持 1 天后排干。以后每潮菇采收后转潮管理均如此。

②覆土出第二潮菇　床面喷 2 次重水后待料面稍干马上进行覆土，取土 8 000～9 000 千克，土块直径不宜超过 1 厘米，加砻糠 500 千克拌匀，水分掌握在手握一把土能成团，丢在地上能散开为准。砻糠土拌好后用喷雾器洒入 2.5% 福尔马林溶液进行消毒，然后盖上薄膜。使用前 1 周掀掉薄膜通气，散发福尔马林气味，均匀地撒在床面上，约 1.5 厘米厚。覆土后不能有培养料外露，床面要平整。小拱棚上同样盖上薄膜草帘。棚内湿度保持 85%～90%，砻糠土表面如有发白过干即要喷水保湿。温度控制在 20℃以内。覆土后 10～12 天即有原基形成。出菇管理与头潮一样。第二潮菇采收后同样去除床面菇根，此时床面凹凸不平，用剩下的砻糠土补平床面，其他管理与前面一样。

40. 怎样进行平菇袋栽和露地床栽相结合？

室内塑料袋堆积栽培和露地畦床栽培相结合的培养料配方是：棉籽壳 50 千克、玉米粉 1.5 千克、多菌灵 0.075 千克、生石灰 0.5 千克、水 60 升左右,pH 值自然。配好料后,用宽 28 厘米、长 50 厘米、厚 0.3 毫米的聚乙烯塑料薄膜筒进行装袋。播种量 10%～15%。播种方法是中间圈播占每袋下种量的 20%,两头混播各占 40%。 常规进行出菇管理。待收过两潮菇后,停止喷水,让料面稍干后,取下薄膜袋,从中间分为两段, "品"字形放入挖好的畦床中。床宽 70 厘米、深 30 厘米,畦底洒些生石灰。上搭"人"字形棚或小拱棚,覆盖薄膜,上面再盖遮荫物。然后灌水,以盖住培养料为好。这样,隔 1 周左右即出大批菇,待菇收完后,清理料面,停水 2～3 天,待菌丝复壮后再喷水催蕾,几天后又有新菇出现。待这批菇采完后,将上面的料铲除,再使料面稍干,待菌丝复壮后,视失水轻重再进行补水。如此反复进行。两法合起来约可收 5 潮菇以上。一般每 50 千克棉籽壳可收鲜菇 75 千克左右。

41. 怎样进行平菇塑料袋穿竹竿栽培?

平菇塑料袋穿杆栽培,可节省成本,充分利用室内空间,并使菌袋全方位出菇,经济效益高。使用面积为 100 平方米的温室,可栽 40 行,每行 15 根杆,每根竹竿穿 10 袋,可投放 6 000 袋。出鲜菇 2 000 多千克,一季产值可达 4 000 多元,纯收入近 3 000 元。栽培方法是:培养料可用工业废棉或经粉碎的玉米芯。每 50 千克干料拌水 60～65 升,加石膏 1 千克、过磷酸钙 1 千克、多菌灵 50 克(含量 50%)。选用 20 厘米×30 厘米的聚乙烯薄膜袋。用上、中、下三层播种法播种。菌种用量为料的 10%。每袋装干料 0.5 千克。封口后,在接种处用锥子扎 5～6 个小孔。置 20℃～25℃下培养,30 天左右便能发好菌。低温时可将菌袋集中在室内或大棚内堆放,下铺稻草,上盖草帘,使其自然增温,以便发菌,但温度不得超过 30℃,故应定期上下、内外翻倒。约 30 天可发好菌。发好后,将菌袋移到菇房,用竹竿像串糖葫芦似的将菌袋从中间串起来。竹竿下端插入土中,上部固定在横竿上。每袋间距 10 厘米,竹竿间距离 30 厘米,行距 50 厘米。　常规方法进行菇期管理,温度控制在 15℃～20℃,空气相对湿度 90%,料含水量 65%。要适当通风换气,并使其受到一些散射光。当菇盖长到 5～10 厘米大小时便可采收。一般可收 3～4 潮菇。

42. 怎样进行筒式堆积二区制栽平菇?

筒式堆积二区制栽平菇产量稳定,生物学效率达 116%,杂菌感染率低于 2%。

(1)制作筒体　将直径 30 厘米的筒状薄膜,剪成 65～70 厘米长,作为外套。选未发霉的玉米秆,截成 34 厘米长,将其用绳编制成直径 27 厘米的圆筒状栏栅。

(2)装料接种　先将棉籽壳生料　常规法拌好。将筒状玉米秆栏栅装入一端扎口的薄膜圆筒内。先装入 0.25 千克菌种,再装棉籽壳料,当装至一半时,再装入 0.5 千克菌种,继续装棉籽壳料,将满时再撒 0.25 千克菌种,整平压实,中央捣一直径 3.5 厘米的通气孔。最后用麦秆束扎口,使其通气。

(3)堆积培菌　将筒状栽培袋倒卧堆积在发菌室,每行两排并堆,两端可打桩柱或砌砖墙,可堆 4～6 层高,冬季应盖草帘保温。室温控制在 25℃左右,料温不宜超过 30℃,室内相对湿度为 65%,经 18～19 天菌丝布满。在此期间,每周翻堆 1 次。

(4)出菇管理　当菌丝布满后,剥掉塑料袋,移至促成室(地道或窑洞),也　上述方法堆积,室温 13℃～17℃,室内相对湿度 90%,并加强通风,经 15～17 天出菇。头潮菇采收后再移回发菌室,让菌丝复苏后,仍搬到促成室培养出菇。如此反复 3～4 次。

43. 怎样进行地沟栽培小平菇?

地沟一般有两种类型:一种是 1.7 米型地沟。这种地沟深 2～3 米,宽 1.5 米,长根据投料多少和地方大小而定。两头各留一个较大的通气孔。沟上每隔 2～3 米装一用钢筋弯制成的弓形架,高 50 厘米左右。各弓形架之间,纵向拉 5～7 道 16 号铁丝。弓形架上面覆盖 0.06 毫米厚的薄膜。这样的地沟每米长可投料 150 千克左右。另一种是 2.5 米型地沟。除了沟较宽外,其余结构完全与 1.7 米型地沟相同。每米可投料 250 千克左右。建造地沟,须注意以下几点:跨度不能太大;两沟间的距离不能太近,至少保持 2.5～3 米;进气口要低,出气口应高,沟底形成自然坡度,利于空气对流;尽量避免用木、竹、柴、草等易生霉菌的材料,以防人为地造成杂菌污染;要首先建好排水渠系,确保下大雨时地沟安全。另外,两沟之间最好栽一行葡萄,达到上结葡萄下长菇的目的。小平菇出口规格,菌盖直径要求在 2 厘米以内,盖顶褐灰色,菌褶白色,菌柄不长于 6 厘米,粗 1 厘米左右,白色不空心。在未开伞菇蕾期采收。小平菇在国际售价比大平菇高 80% 左右。

栽培时,用农用聚乙烯薄膜袋装料,常用规格是宽 30 厘米、长 45 厘米。

有棉籽壳地区,培养料可用棉籽壳 97%,石灰 1%,石膏 1%,多菌灵 0.1%～0.15%。无棉籽壳地区,可用 80% 的高粱壳(30% 磨成细粉),加 18% 麦麸、1% 石膏和 1% 过磷酸钙,拌和焖 1 小时后装袋。

先往料袋中央插一根约 3 厘米粗的塑料管或木棍,袋底撒一把菌种后装料,边装边压,上面再放一把菌种,抽出木棍,中间孔里也放满菌料。绑袋口时,只将中间绑上,两边留孔通气。每袋装干料1.5～2千克。用种量为培养料的8%～10%。料装好后,于25℃左右条件下培养。春、秋、冬可堆袋3～5层,夏季只放1层,料温超过26℃,就应进行翻袋。经过20～30天,菌丝发满后,即可除去料袋。

放入沟内堆垒。1.7米型沟靠两边垒两道菌墙,2.5米型沟在两边和中间共垒三道菌墙,高都是1.5米左右。

进入子实体分化期后,要降温至18℃以下,给予200勒左右的光线,加强通风,保持空气湿度达85%以上。

当子实体原基出现后,继续保持温度在18℃以下,湿度保持在85%～90%,加强通气,要有足够的亮度。不能直接往菇体上喷水。

小平菇子实体生长很快,达到商品规格就得及时采收,一般每天采2～3次。

采下分级后,最好当天就进行杀青盐渍,杀青时,于铝锅中盛6%的盐水,加0.5%的白矾,烧开后,把分好级的菇放在筛子中浸入,煮沸5～10分钟,取最粗的将菇柄撕开,看到中心无白线时即可捞出,放入预先制备好的15%的冷盐水中定色。接着于100升水中加入37千克食盐,烧开后倒入缸内,加0.5千克白矾搅匀沉淀,澄清后倒入另一缸中,即成为浓度为23波美度的饱和盐水。然后,从定色盐水中把菇捞出,沥干,泡入饱和盐水中。隔几天倒缸1次,并加精盐1次,直到盐水浓度不下降为止。饱和盐水必须淹没菇面并加盖封严,以防蝇类产卵生蛆。盐渍2周后即可送售。

44. 怎样进行平菇瓜(豆)立体栽培?

平菇瓜(豆)立体栽培主要是在上面种瓜(豆),待瓜(豆)长至即将开花、遮阳效果较好的时候,将发菌丝的平菇料袋或菌砖排放在瓜(豆)荫棚下出菇。

(1)种植瓜(豆) 根据当地的气候条件,种植黄瓜、南瓜、丝瓜、扁豆等。若在钢管大棚内种植,要在钢管之间用铁丝或塑料绳按一定距离拉网,瓜豆藤蔓才能攀缘上架。铁丝或塑料绳间隔 25 厘米左右,为了承受瓜、豆的重力,通常在棚上横向架竹竿,每条间隔 50 厘米左右。当瓜(豆)藤蔓爬到棚顶、棚下有一定郁蔽度时,即可搬料筒进棚内。

(2)排放菌袋出菇 排放菌袋前,棚下应做畦,做畦的方法与畦栽的做畦方法相似,但规格有差异。畦面宽 40 厘米,畦间的沟宽 60 厘米,沟深 20 厘米左右,畦长以 4 米左右为宜。做畦后,最好铺上一层薄膜,如果不铺薄膜,可将畦面及畦侧面用铁铲拍打结实,再在上面撒一层石灰粉。做好畦后,将长满菌丝的菌袋排放在畦上,根据气温情况,确定排放的数,一般排 3 层左右。若气温较高,每排完一层后,在菌袋上放 2 条小竹竿或竹片后再放第二层,可使两层菌袋隔开,利于菌袋散热,不至于烧菌。排好菌袋后,若遇到下雨,要盖薄膜防雨。出菇期间的管理措施与塑料袋栽管理相同。由于在瓜(豆)棚下各种昆虫较多,要适当做好防虫工作。由于平菇瓜(豆)立体栽培季节气温较高,一定要选用较耐高温的品种。

45. 怎样在玉米地间作平菇?

在室内种的平菇菌种,不能在玉米地里生长,必须按野外自然条件进行处理。方法是:用锯木屑 70%、麦麸 28%、白糖

1%、石膏 1%混合配料,装在约 10 平方米的木箱或盆中。然后撒布菌种,深 0.33 厘米左右,室内温度保持在 5℃～25℃,湿度 60%～90%。出菇后开始按野外条件进行湿、干、热、冷、晒处理。湿处理,就是在同一时间内,先像下雨那样往平菇上浇水,并逐步加大浇水量,最后用水泡 1～2 小时;干处理,就是在 2～3 天内一点水也不浇,让平菇干着;热处理,就是把室内温度升高到 40℃,或把木箱搬到火炕上,把炕烧到烫手的程度,保持 2 小时;冷处理,就是把室内温度降到 0℃左右,4～8 小时;晒处理,就是中午让强阳光通过玻璃窗直射平菇 2～3 小时。处理后,只有极少数平菇能适应这种处理而存活。然后将存活的采摘下来,用组织分离法培育出母种后,再扩大制。料用下列配方任选一种:阔叶硬杂木锯屑 19 千克、玉米芯 15 千克、稻草 15 千克、石灰粉 0.5～1 千克;或马粪 48 千克、石灰粉 0.5～1 千克;或马粪 48 千克、石灰粉 0.5～1 千克;或玉米秸 40 千克、玉米面 2.5 千克、石灰粉 0.5～1 千克;或猪粪 30 千克、鸡粪 10 千克、人粪尿 5 千克、马粪 5 千克。将原料掺匀,再将石灰粉加水稀释后往料上泼,边泼边搅拌。干湿度以用手捏料指缝间见到水滴但不落下为宜。将料堆成堆,四周和顶部适当撒些石灰粉,上盖薄膜和草帘,促其发酵;隔 6～7 天后翻 1 次再封好,再隔 1 周左右,即可种植。选地势平坦、多雨不涝、干旱能浇的玉米地,最好是沙性腐殖土地块间作平菇。当玉米苗长到 0.5～0.7 米高时播种最好。在每行玉米的阴面靠近玉米根处,用镐刨 0.1 米宽、0.1 米深的一条沟,将发酵好的培养料撒进沟内,约 5 厘米厚,用脚顺沟踩实,然后取菌种掰成栗子大的块,每隔 10 厘米摆一块,摆完再往上撒 3 厘米厚的培养料,再用脚踩实。剩余的菌种,用手均匀地撒在上面并踩实,再在上面均匀地撒 1～2 厘米厚的土。从玉米垄和平菇垄之间挖沟取土给玉米追肥时,可随同进行浇水。6月15日播种,8月立秋前正是出菇盛期。除旱浇涝排外,不用特殊管理,一般24天出菇,38天采菇。

46. 怎样在甘蔗田套种平菇?

甘蔗田套栽平菇,每667平方米产值可达2000元以上。

(1)甘蔗　品种选用果蔗类型,如临平紫皮。3月中下旬直播,行距23.3厘米,株距66.7厘米,后期要分批剥叶,改善通风透光条件。

(2)平菇　以凤尾菇较为适宜。以棉籽壳为培养料最好,生物效率为90%～100%,用量每平方米5千克。9月初在小行内将地耙平,清除杂物,再用5%石灰水或0.2%硫酸铜液喷洒消毒。9月初将棉籽壳拌湿,5千克棉籽壳接菌种1瓶,平铺果蔗小行内,厚不超过10厘米。播后盖膜。接种后的几天,要控制料温在30℃以内。接种后5～7天,每天要揭膜透气半小时,适宜条件下,20天菌丝即布满床面。此时要支起薄膜,保持床面湿润。播后约25天出现菌蕾。出菇后要注意通风透光,保持空气相对湿度在80%～90%。于10月中旬开始采收。

47. 怎样在郁蔽林下栽培平菇?

曾试验用0.386公顷林地种植平菇1125平方米,9月29日至10月4日播种,投料1.67万千克;11月6日开始收第一潮菇,到翌年4月10日收菇结束,总产量13886千克,产值11861.75元。池杉造林行距3米,株距2米,行间挖一条宽0.9米、长10米、深15～17厘米的床,床内按三等份划分,留二条宽15厘米左右的小支埂,支埂两边下料种菇。每床9平方米,投干棉籽壳 135 千克,另加 2% 石膏、2% 过磷酸钙、0.2% 多菌灵配料,加适当水分,充分拌和,料湿度 65% 左右,每床用菌种 30 袋,接种量为 10%。床内先浇水后播种。采用分层播种法,一层培养料一层菌种,分三层播完。1~2 层各撒 1/4 菌种,最后一层撒 1/2 菌种。播后轻轻拍平,然后紧贴料面覆盖一层旧报纸和一层薄膜。菇床四周用土将薄膜压紧。播后 1 周内不掀动薄膜,10 天以后早晚掀膜通气,20 天菌丝即发到底。此时,应揭掉料面报纸,提膜架棚,拉大温差,床内料干时,可在床边及支埂浇水,保持床内相对湿度在 85% 以上。每采收 1 潮菇后,要整理床面,去掉死菇,放下薄膜,再发菌出菇。

48. 怎样进行稻田平菇栽培?

全年种植二季水稻的地区,水稻收割后可栽培平菇。方法如下:

种菇宜选地形较高、靠河、灌排水方便的田块。栽培畦宽 1.2 米,南北向,长 15 米,沟深 20 厘米、宽 30 厘米。开沟挖出的泥块做栽培畦的栏埂。栏埂高 15 厘米、宽 10 厘米,沟边缘和栏埂间留 40 厘米宽作操作走道。

铺料前,喷 1 次 0.3% 的敌敌畏。然后将配好的培养料辅入畦内。料含水量应掌握在 60%,pH 值为 7~7.5。如用甘蔗渣做培养料,其长不能超过 10 厘米,厚应为 14~16 厘米。用麦粒菌种(袋装 150 克)播种,每袋播 0.5 平方米,采用二层撒播法。上层菌种占 60%。粪草菌种则用穴播和撒播法,每 75 克菌种播 0.25 平方米。播麦粒菌种时,播完后用手指轻轻挠动料面,使麦粒稍入料内。然后用木板压平料面,盖 1 层报纸,用 1% 石灰水洒后再覆盖薄膜、草帘。

播种后 7 天,不掀动薄膜草帘。7 天后,每隔 3～5 天喷水 1 次。现蕾期要加强水的管理及通气。

菌丝发透整个培养料后,要经常保持培养料湿润,湿度应达 85％以上。采用对空喷雾洒水,切忌对培养料直接喷水。用水量逐日增多,直至采收前 2 天停止。每平方米能收获鲜平菇 7.1 千克。有的地区,种稻后再栽培平菇,或水稻和平菇间作,都取得了成功,获得了较大的经济效益。

49. 怎样在盐碱滩地栽培平菇?

选盐碱地 1 000 平方米,3 月初挖东西向栽培畦 59 条,畦宽(料面宽)80～90 厘米、长 20 米、深 50 厘米,畦截面为等腰梯形。菌种采用美味侧耳 539。培养料用棉籽壳,不添加任何其他辅料。3 月 8～19 日播种,每平方米用料量 25 千克,含水量 60％,接种量 3％,三层播种。播种时,培养料上下各铺一层薄膜。4 月中旬开始覆盖遮荫,并揭去表面薄膜,进行喷水管理。4 月 19 日起陆续出菇。4 月 26 日至 5 月 8 日采收第一潮菇 10 000 余千克,平均每平方米产菇 10.3 千克,生物学效率达 41.2％;5 月中下旬又收二潮菇 3 750 余千克。总生物学效率达 56.2％以上。其后,将 33 条栽培畦覆土 6～7 厘米厚,准备越夏后秋季出菇,剩余 26 条栽培畦继续出菇。盐碱地种平菇,不占农田,不争农时,成本低。每 100 千克干料成本只有 10 元,以生物学效率 70％、零售每千克单价 0.4 元计算,利润可达 200％。

50. 怎样在菜地间作平菇?

在 134 平方米菜地里栽培平菇 35 平方米,可收鲜菇 675 千克,收菜 200 千克,获得菇菜双丰收。方法如下:为遮阳保湿,宜选用生长期长、叶片密的长蔓型菜类,也可选用大棵型经济价值较高的菜类,如扁豆、菜豆、番茄和黄瓜。在每畦菇床两边各种一行菜,菇床畦宽 0.8 米、深 0.25～0.3 米、长 10 米,菜畦(埂)宽 1～1.2 米,高 0.2～0.25 米。床面要平整,菜埂两边高中间略低。菜按种植季节适时下种,也可提早用阳畦育苗,适时移栽。种植和管理与一般菜田相同。长蔓型菜用竹竿搭成 1.5～1.8 米高的棚,棚架横搭在菌床上方,用蔓叶给菇床遮阳保湿。选无霉变棉籽壳,加多菌灵 0.30% 做培养料。采用菌砖栽培分层撒播菌种,菌砖长 0.7 米、宽 0.4 米、厚 0.15 米,每块播菌种一瓶。播种后盖膜,菌床上再搭小拱棚,棚上盖膜盖草帘,以利保温、保湿。播后 25～30 天,菌丝就可长满整个菌块。这时畦内温度应控制在 25℃～30℃,料温达 30℃ 以上时,应及时通风降温。菌丝长满料层后,应揭开料面薄膜,加盖 1～2 厘米厚的湿土。出菇前应保持土壤湿润,调节温差,以利出菇。出菇后洒水保湿,以利菇的生长。春季种植,4 月上中旬出菇,采收 3～4 潮菇,5 月底至 6 月上旬结束。秋季栽培,9 月中下旬到 10 月上旬出菇,采收 4～6 潮菇,11 月下旬到 12 月上中旬结束。

51. 怎样进行稻草室外栽培平菇?

稻草室外栽培平菇,每 667 平方米可收鲜菇 2 000～2 500 千克,纯收入 2 000 元以上。

春、秋两季均可露地栽培。春栽一般于 2～4 月播种,秋栽在 9～10 月播种。根据露地栽培要求选好床址,床南北向。整床前先开好沟,再将畦土翻晒几天,用生石灰或除虫菊撒、喷于床面进行消毒。菇床做成 1～1.5 米宽、20 厘米高,长不限。播种前浇透水,干后即可铺料播种。

稻草必须无霉变、新鲜、干燥,切去草梢,将茎秆切成 7 厘米左右长的小段,浸入 1.5％石灰水溶液中,经 24 小时后,用清水冲洗干净,并使料的 pH 值为 7～8,然后沥干,使含水量在 65％～75％。室外栽培平菇通常用分层播种法,每铺一层稻草,随即撒上一层菌种,并逐层压实。一般分 3 层,稻草料共厚 18～21 厘米。用种量约占栽培料的 10％。菌种分配是下面两层各占总用种量的 1/4,面上一层占 1/2。播种完毕后,用木板拍平压实,然后盖薄膜。膜上压 2～3 厘米厚的细土,并覆盖苫、帘等遮荫。播种后 20 天内不要经常揭膜。待菌丝长透料底、料面有黄水珠出现时,除去表面压土,揭开薄膜,改用拱棚覆膜,白天盖,晚上揭,使昼夜温差增大。同时注意调节好培养料含水量。发现杂菌污染,可用 15％的石灰水或 0.3％多菌灵拭擦污染处。子实体发育阶段,最适温度为 13℃～17℃,并要有一定漫射光。当菌床出现菇蕾时,要揭膜,不能喷水,待菇蕾分化形成菌柄和菌盖时,再喷少量水。当子实体快要成熟时,除料面保持湿润外,水可直接喷在菇上,培养料的含水量控制在 65％～70％,空气相对湿度保持在 80％～90％。喷水一般每天 2～3 次。此阶段还可每隔几天喷 1 次低浓度(0.5％～1％)的石灰水(pH 值为 7.5～8),有助于减少畸形菇,促进子实体生长。

52. 怎样进行小拱棚稻草屑栽培平菇?

用普通饲料粉碎机,用直径 2 厘米的钻头在钻床上把粉碎机的筛网眼孔扩大,然后加工稻草,使稻草屑成条片状、细、薄、松散、绵软。用稻草屑做栽培料,生物效率达 80％～100％。稻草粉碎后进行消毒发酵,将草屑平铺水泥地上,厚12～16 厘米,均匀喷洒 2％石灰水,用石磙或连枷压实、锤打、翻拌,若水分少,可再喷石灰水,再压实、锤打、翻拌,这样重复2～3次。使草屑料含水量为65%～70%,pH值为6.5～8。然后制堆发酵,把草屑料堆成4～5米高的圆锥形,外盖薄膜,待堆内温度上升到70℃时,把下层料翻到中上层,外面料翻到中间,再等内部温度升到70℃时,把料铺开待用。每100千克草屑,加石膏、过磷酸钙各2千克,尿素、磷酸二氢钾和硫酸镁各300克,混匀后,再撒入200克多菌灵,拌匀做栽培料。菌株宜选佛罗里达平菇。地处江淮之间的播种期,秋季宜在9月中旬至10月上旬,春季则在2月下旬至3月上旬为宜。

露地小拱棚菇床选好后,在东西向平地开挖深10厘米、宽33厘米的地槽。每个拱棚内并排挖两条,中间留23厘米不挖;四周筑宽、高各15厘米的土埂。菇床及其周围场地先用0.05%高锰酸钾喷洒,再用1%石灰水喷洒,以杀灭霉菌、虫卵,然后在槽内下料。使用小麦粒栽培种,用量为栽培料的8%～10%。播种最好在阴天或夜晚进行。栽培料中层用种量的1/3,上层用种量的2/3。播毕,用木板压实,使成厚5～6厘米栽培块。料面上放少许稻草,再盖薄膜,然后以竹弓、薄膜和草帘做拱棚,盖严。发菌期温度以22℃～25℃为最适。如气温降低,可在菇床上加盖稻草,拱棚上增盖草帘;晴天高温时,应在拱棚下面四周开"窗",通风散热,拱棚上盖一层银灰色薄膜。湿度保持在65%～70%,以料面薄膜下的水珠细小、均匀、分散和透明为正常。10天后,如检查发菌良好时,每隔2～3天,鼓动薄膜,让新鲜空气进入;如料面有黄水积存时,可用浸过2%石灰水的干布吸干。发菌后期,每天早晚掀膜,加强通风,适当给一些散射光刺激。菌丝长满后,揭去薄膜,料面上撒一层颗粒状的湿润肥土后,再盖上薄膜。出菇期以保湿为主,同时协调温、光、气诸因素。在菇床四周多开几个"窗口",

还要把拱棚下面覆盖层撑起 33 厘米高,拱棚上增盖草帘或银灰色薄膜以减少辐射。当出现小菇蕾时,切勿大量喷水,只保持上面湿润。架起薄膜,温度控制在 16℃～20℃,空气湿度为85%～90%。过 2 天后揭去土层上的薄膜,加强通风换气,并适当增加喷水量。良好环境下 7～10 天子实体成熟。

53. 怎样用棉籽壳添加鲜红薯栽培平菇?

用棉籽壳栽培平菇,可用鲜红薯(山芋)代糖栽培以降低成本。每平方米用干棉籽壳 20 千克,可收鲜菇 115.5 千克。具体做法是:棉籽壳于栽培前晒 2 天,每 100 千克干棉籽壳加过磷酸钙、石膏粉、生石灰各 2 千克,掺拌均匀。春栽红薯晒 5～7 天,或置室内贮放 10 多天,使其糖化。去皮后加入鲜薯同样重量的水,充分煮烂后倒入缸内,加一倍凉水,用木棒捣成糊,然后再按料水比为 1:1.3 加足水量,同时加入 0.1% 的多菌灵,搅拌后拌入棉籽壳内,使含水量达 65% 左右。采用室外阳畦栽培双膜覆盖的方法,分别于 10 月 23 日和 10 月 26 日播种。场地消毒、播种发菌和出菇管理,可按常规方法进行。

54. 怎样用棉籽壳添加菜园土栽培平菇?

选用干燥棉籽壳,菜园土取表层下 10～20 厘米处的肥沃土。多菌灵用上海产的 50% 粉剂。菌种为平菇 404,由湖北省食用菌研究所提供。曾采用以下四种配方处理,一为棉籽壳40 千克、多菌灵 40 克、水 48 升;二为棉籽壳 40 千克、菜园土10 千克、多菌灵 50 克、水 60 升;三为棉籽壳 40 千克、菜园土15 千克、多菌灵 60 克、水 65 升;四为棉籽壳 40 千克、菜园土20 千克、多菌灵 70 克、水 70 升。先将菜园土和多菌灵粉剂分别倒入水中充分搅拌,然后与棉籽壳混合拌匀,及时上床播种。播种方法是采取上下层定量分播,下层用撒播,上层用穴播。结果表明,用棉籽壳生料添加 25%～37.5% 的菜园土栽培平菇均有一定的增产效果,其中以添加 37.5% 的菜园土最经济有效,在添加量超过 50% 时,产量反而下降。四种配方生物学效率分别为 80%、88.8%、106.2%、80%。

55. 怎样用大麦草栽培平菇?

用大麦草栽平菇,生物效率达 111.5%。培养料配方:主料大麦草 100%,另加石膏粉 3%、磷肥 2%、多菌灵约 0.2%。将当年麦草切成 20～30 厘米长或粉碎成草绒状,再用 0.5%～3% 石灰水(pH 值为 10)浸泡 1 夜,捞出后再用清水冲洗至 pH 值为 6.5～7,沥去多余水分,再拌入辅料(磷肥和多菌灵要先溶于水),调整含水量为 70% 左右,即可铺料播种。采用地床或架床均可,每平方米铺料 10～15 千克,采用分层撒播法。铺料前床底先铺薄膜,再铺料、播种,共 3 层料、3层菌种,每层料厚 5～6 厘米,每平方米面积用菌种 4 瓶。稍压实料面,先盖上报纸,再覆薄膜。

发菌阶段一般不必掀动薄膜,但室内要注意适当通风。经 7～10 天菌丝就可布满料面,待原基即将形成时,要掀去报纸和薄膜。从播种到出菇约 20 天,出菇后随菇体的长大需水量要逐渐增加,要使培养料含水量保持在 70% 左右,空气湿度要达 80%～90%。可向地面、墙壁、空间喷水,料面适当喷雾,并注意通风换气。菇体发育成熟后要适时采收。一般可收 3～4 潮菇。

56. 怎样用麦秆配合木屑栽培平菇?

配方为:锯木屑 78%,麦麸 17%,石膏粉 1%,糖 1%,石粉 3%,尿素、水和多菌灵适量;或锯木屑 40%,麦秆 38%,石膏粉 1%,糖 1%,石粉 3%,麦麸 17%,尿素、水和多菌灵适量。麦秆切成 3～7 厘米长的段。用 5%石灰水浸泡 24 小时后,捞出用清水冲洗至 pH 值 7 左右,晾干。以上各组分充分混合半小时后,调整含水量以手捏料指缝间有水而不下滴为度。将料装入垫有薄膜的纸箱里(体积 50 厘米×30 厘米×15 厘米),用层播法播种后搬进培养室培养。试验时,菌丝发齐开始出菇的天数,第一种料是 69 天,第二种料是 48 天。生物学效率第一种料是 62%,第二种料是 84%。可以看出,用麦秆(稻草、麦壳均可)配合锯木屑做培养基,可增加透气性,促进生物效率的提高。

57. 怎样用玉米芯栽培平菇?

用玉米芯栽平菇,每 100 千克原料可收鲜菇 25～75 千克。先将玉米芯晒干碎成枣核大小,用含有 1%的过磷酸钙、0.5%的尿素和 0.1%的多菌灵水溶液浸泡 24 小时,捞出后将水沥干。块栽法可取薄膜垫入长 0.7～0.8 米、宽 0.4～0.5 米、高 10～13 厘米的木板框内,倒入浸泡过的玉米芯碎块,装至 6 厘米厚时,撒一层菌种,略加压实,继续添料 10～12 厘米,再撒一层菌种,再略加压实。然后,包好薄膜,取出板框,将栽培块置于地面或架子上。柱栽法可将直径 5 厘米左右的塑料管或竹管锯成段,每段 0.8 米,管面每隔 6～7 厘米打 1 个直径 0.5 厘米的孔。将管插在长 0.6～0.7 米、宽 2～23 厘米、两头开口的塑料袋中,袋下端用细绳扎紧后,向袋内填入玉米芯碎块,边填边适当压实。每块 10 厘米厚的料,添加 1 层菌种。每 50 千克玉米芯需菌种 1.5～5 千克,装料至 0.5 米厚时,袋上端也用细绳扎紧。然后,将这种圆柱形培养坯置室内架立起来。阳畦栽培法可选择背风向阳处,自东向西挖宽0.8～1米、深0.3～0.4米的畦,挖出的土堆在北面,筑成0.3～0.5米高的土墙,畦南挖一排水沟。畦做好后,底面撒一层石灰粉,再加培养料。培养料配方为玉米芯和棉籽壳各50%。每50千克加过磷酸钙0.5千克、多菌灵100克、水60～65升。当畦内铺有10～12厘米厚的料时,每隔8～12厘米的距离,在料面挖直径和深度均为2.4～3厘米的接种穴,每穴接入一块核桃大小的菌种,拍平后,表面再撒一层菌种,然后盖好薄膜,再盖上草帘或搭荫棚。接菌后,18℃～25℃下经3～4天,菌丝向四周伸展;20～25天后,菌丝可长满料面;30～35天后,料面出现一层白色菌膜,有时还可见到原基。此时,要调节控制菇床温度为12℃～20℃,还要加强通风换气,给予散射光。当珊瑚状的菇蕾出现后,应揭开薄膜,每天喷2次水。4～5天后,菇即长大成熟。可连续收菇4～5潮。

58. 怎样用玉米渣栽培平菇?

菌种PL-6,引自浙江农科院,栽培种是自制棉籽壳菌种,播种量为干料的10%。培养料配方为玉米渣40千克(含水量约70%)、棉籽壳10千克、石膏250克、石灰750克、碳酸钙250克、多菌灵50克,采用箱栽层播法。先将玉米渣和棉籽壳拌匀,然后将石膏、石灰、碳酸钙、多菌灵(先溶于少量水)加入料内,含水量调至65%左右,pH值8～8.5,即可装箱播种(3层)。压实后料厚为15厘米,覆盖薄膜后置暗处发菌。一般播种后2～3天料温上升较快,要注意揭膜散热,控制料温在30℃以内,待温度稳定在25℃左右,可每隔2～3天换气1次。换气时料面积水要用纱布吸干后再将薄膜盖严。当料面出现原基时,把菌块移至出菇室,给少量散射光,湿度保持在

90％左右,并注意通风。在菇盖长至 1 厘米大时,要进行喷雾,使菇盖保持湿润,当菇盖长至 2～3 厘米时,空气湿度要提高到 95％左右,也可直接向菌块喷水。头潮菇采收后停水养菌 2～3 天,再行喷水。如果菌块过干,可置于低浓度的石灰水中适当浸泡。试验时,10 月 25 日播种,11 月 15 日现原基,18 日大量出菇。发菌期 20 天,头潮菇于 11 月 22 日开采,三潮菇于 12 月 30 日结束,整个周期 66 天,生物效率达 150％以上。

59. 怎样用花生壳、禾秆栽培平菇?

用花生壳、禾秆种平菇,每千克干料可产鲜菇 1～1.5 千克。采用床架栽培,床架一般宽 0.6 米、高 0.4 米、长不限,分 5 层,最下层离地面 0.45 米。培养料配方为:花生壳、禾秆 78％,麸皮 20％,糖和石膏各 1％。先将料经太阳晒 3～4 小时,禾秆要铡成 1 厘米长,壳要粉碎。将糖和石膏用水调匀后拌料,料与水比为 1∶1.6,含水量以用手握料指缝间有水滴但不成串为宜,pH 值为 6.5。然后用 15～18 厘米的活动框压成菌砖。装料前框下垫薄膜。接种时先在框底四角各接一块菌种,再装培养料,尔后在上面按梅花形点种,最后将少量菌种搓散撒在面上一层。撒完后轻轻按平,取下活动框,盖膜。在温度 25℃～28℃、相对湿度 65％的环境下培养。7 天后如发现膜上有很多水珠,要掀膜抖掉水珠。白天温度超过 28℃时,早晚要掀膜通风换气 1 小时。秋季 20 天左右、春季 30 天左右,菌丝可以布满培养料。现蕾后,主要是加强喷水和通风换气,相对湿度要控制在 90％左右,温度在 14℃～17℃。从现蕾到采菇 7～10 天。采第四潮菇时,可喷 1％浓度的尿素、平菇菇脚熬的水等营养液。一般可采菇 6～7 潮。

60. 怎样进行甘薯渣阳畦栽培平菇？

对含水量 80% 以上的薯渣,采取丰产埂、通气孔、表层播种、透气发菌、以菌抑菌的趋利弊害的技术措施,阳畦规模栽培,生物学效益稳定在 100% 以上。

(1)薯渣选择 应选择提炼淀粉后 10～15 天的渣料栽培较好,切记不能直接用鲜甘薯切块栽平菇。

(2)整地做畦 栽培场地要选择远离畜栏,既避风又能排水的旱地、冬闲田或大棚。按长 10～20 米、宽 1～1.2 米、深 15 厘米整畦床,并在畦中央设高 10 厘米的丰产埂。冬闲栽培场地,只需将畦床中的杂草锄尽,垒一条丰产埂即可。铺料前需对畦床喷药驱虫 1 次。

(3)铺料整畦

①铺料 每平方米铺湿薯渣 80～100 千克,厚 15～20 厘米,畦床中央的薯渣要比丰产埂高 5 厘米以上。然后在畦面上每平方米撒干石灰粉 0.2 千克,中和渣料酸度,提高 pH 值,预防酵母菌滋生。并用钉耙将石灰粉与上层渣料拌匀,将料整成龟背形畦面。

②打孔 取直径 4～5 厘米、长 1～1.5 米的木棒,并把打孔端锯齐,在离底端 5 厘米处均匀地钉 3～4 颗铁钉。在离畦边缘 15 厘米处行株距 8～10 厘米打孔,如果薯渣水分含量太高,刚打的孔易封闭,应换直径较大的打。畦面打孔可使薯渣具有一定的透气效果,可预防酵母菌危害。从通气孔中还能观察平菇气生菌丝生长情况,指导揭膜换气的适宜时间与次数。当出菇料面偏干时,孔内积水能保持孔侧面湿度,利于菇蕾从孔侧面长出。三潮菇采收后需补充养分时,通气孔能贮积营养液,均衡地供给子实体生长。

（4）**播种** 播前对打孔的畦面喷 0.2% 敌敌畏和 0.1% 多菌灵药液,每平方米用量 0.1 千克。菌种为麦粒木屑种,当天播种当天掏出。表面一层撒播,播种量 500 毫升瓶装菌种每平方米 1.5～2 瓶,通气孔内均要撒播菌种。覆盖黑色地膜,地膜四周不必压实,便于以后揭膜透气管理。最后盖草遮光发菌。发菌期若出现 28℃的持续高温天气,加厚遮阳物或浇水降温。

（5）**发菌管理** 播种后第四天,在畦面四周揭膜抖动 1 次进行换气。若检查发现畦面及通气孔内未有萌发的菌种块,可用竹杠支撑地膜透气 1 个晚上,并在畦面四周喷农药驱虫。播后第八天,第二次揭膜透气,并检查平菇菌丝长势,菌丝浓白粗壮并沿孔壁生长,属发菌正常只需揭膜换气即可。如菌丝纤细不浓白,通气孔中央有气生菌丝直立向上生长,属透气不良。应在晴天下午将地膜与遮光草帘卷起,敞开畦面通气 1 个晚上,次日太阳未出前再盖回;若还有未萌发菌的畦面或被老鼠吃掉菌种的应重新补种;发现有菌蚊、菌蝇为害的,用纸片蘸药液驱虫。播种后第十二、第十六天进行第三、第四次揭膜透气。在第三次揭膜透气时,由于菌丝的大量生长及延伸,薯渣料开始收缩,通气孔内将出现积水,不必吸干,可作为出菇期的保湿。如果通气孔内还有大量成束的气生菌丝生长,同样再卷起地膜敞露一晚。

（6）**出菇管理** 当平菇菌丝长满畦面及孔侧面,并深入基质 1.5～2 厘米、畦边际出现少量菇蕾时即可搭拱棚出菇。薯渣栽平菇是边出菇边长菌丝,一般采收到 3 潮时,整个薯渣的垂直面才能被菌丝长透。在揭膜搭拱棚时,用喷施宝(支)对水 12 升或用 0.5 毫克/升的三十烷醇喷洒畦面,每平方米用量 0.2 千克。喷后 3～5 天,密密匝匝的菇蕾将从畦面及通气孔的侧面或孔中生长。因薯渣含水量高,加之通气孔贮水,若菇棚湿度保持好,头潮菇只需喷 1～2 次水就可采收。其他温、气、光的协调管理按常规。第三潮菇采收后,料面干燥 2～3 天,清除小菇及残物,用 0.2％的尿素、白糖、磷酸二氢钾交替补肥,或在畦面撒一层草木灰后再覆细土,还可继续生长 4 潮菇。后期由于湿热原因,畦面会出现零星绿霉或菌蚊蝇危害,在补喷养分时,可添加多菌灵、敌杀死防病驱虫。

61. 怎样进行麦秸、糠醛渣混合料栽培平菇?

利用麦秸、糠醛渣混合料栽培平菇,生物效率可达 200％。

(1)选择菌株 选用改良早丰 F8,出菇温度 2℃～34℃,引自江苏江都市天达食用菌研究所。

(2)栽培管理 栽培料:麦秸(用筛底直径 2 厘米粉碎机粉碎)25 千克,糠醛渣(呈黑褐色,取自祁县糠醛厂,用 1.5 厘米筛子筛 1 次去除杂质后晒干)67.5 千克、麸皮 1 千克、石灰 2 千克、石膏 0.5 千克、水 75 升,拌匀后发酵 5 天,中间翻堆 2 次,装 23 厘米×42 厘米×0.02 厘米聚乙烯袋,常压灭菌 6 小时,焖 4 小时出锅,在大棚内地下撒一层石灰粉,空间喷 1:1 000 倍克霉灵液后开放式接种。接种后用绳扎紧袋口,用扎孔器(即一直径 9 厘米圆形铁板中间焊一根 0.5 厘米铁钉,周围焊 7 根钉,用克霉灵液消毒后用)1 袋两头扎孔。菌丝长满后菇从孔眼内冒出,菇长到 3 厘米时喷水,并加强大棚内湿度,头潮菇采收后脱袋去除死菇,折成两段排在宽 1 米、深 30 厘米、长不限的坑内,将过筛后的土填满空隙,用营养水(水 5 升、白糖 150 克、尿素 100 克、磷酸二氢钾 100 克、石灰 500 克)浇透,过 7～8 天菇又可长出,再喷 0.1％惠满丰、0.1％菇壮素等,也可交换喷淋,共可采收 4 潮菇,每采 1 潮菇后大浇 1 次营养水,总转化率可达 200% 以上。

62. 怎样用甜菜废料栽培平菇?

用鲜甜菜丝进行箱栽,平均箱产为 1.14 千克,高产箱达 1.5 千克以上。用木板钉成 50 厘米×60 厘米×10 厘米的木箱。使用前用 3% 来苏儿喷洒或浸泡过夜。选用平菇 802 或凤尾菇 8094 菌种。从糖厂运回废甜菜丝,直接放入箱底铺有薄膜的木箱内,适当压实,厚 8～10 厘米。用直径 2 厘米尖头木棍按 8 厘米×8 厘米间隔在料上打眼,接入核桃大小菌种,料面上再撒一薄层菌种。每箱用菌种 2.5 瓶。拍平后将薄膜从四周包起,平覆在料面上,再压一块重 0.25 千克的木块。将培养料箱放入温室,室温保持 6℃～16℃。7～10 天后,菌丝布满料面,并向料层中生长。然后掀开薄膜,每日通风 1 小时左右,保持温度 10℃～15℃。当菌丝吃料深达 5 厘米时,进行扣箱。方法是:用消过毒的木箱置培养箱上,二人抬起,倒置使培养料扣入空箱,取走薄膜,向此空箱内喷洒来苏儿溶液消毒,然后将培养箱如上法再扣 1 遍,使菌料复原。取走薄膜后,温室中应保持空气湿度 80%～90%,气温 10℃～16℃。为加快菌丝向下层吃料,可用消毒水涂擦手指之后,用手指在料面上垂直打深 6～8 厘米的洞。料层被平菇菌丝吃透后 5～7 天,料面上生出粒状子实体原基,3～4 天后逐渐长大,此时若室内水分不足,可适量喷雾状水,室内温度保持 10℃～16℃,可使子实体迅速长大。

63. 怎样用酒糟栽培平菇?

酒糟搭配少量的玉米芯或松木锯木屑栽培平菇,一般生物效率为 50%～60%,高者可达 82.4%。培养料配方为:新鲜酒糟 100 千克、石灰 0.7 千克、石膏 1 千克、过磷酸钙 0.3 千克、尿素 60 克、甲基托布津 30 克;或新鲜酒糟 100 千克、玉米芯 25 千克、石灰 0.7 千克、石膏 1.5 千克、过磷酸钙 0.5 千克、尿素 100 克、甲基托布津 60 克;或新鲜酒糟 100 千克、松木锯木屑 25 千克、石灰 0.7 千克、石膏 1.5 千克、过磷酸钙 0.5 千克、尿素 100 克、甲基托布津 60 克。将新鲜酒糟与石灰混合;玉米芯或锯木屑用 0.5%石灰水浸泡 5～10 小时,沥干待用。将石膏、尿素、过磷酸钙、甲基托布津溶于少量水中,然后拌入玉米芯或锯木屑中,最后将酒糟与玉米芯或锯木屑混合拌匀。接种方法采用层播法。菌种量为培养料的 8%～10%。料面撒一层菌种,再薄薄撒一层湿润菜园土。盖上报纸后,再盖薄膜。发菌期间,土表如若过干,就要喷少量水,控制土面湿度为 55%左右。一般接种后 2～3 天,培养料开始发热。温度超过 30℃时,需要揭膜降温。当气温保持在 18℃～20℃,培养料只要 20～25 天就可现蕾。子实体原基形成期,要喷少量水,保持料面湿润,同时给一定光线,促进原基分化和菌盖形成。而且经常在地面、墙上、空中喷水,保持空气湿度在 80%以上。一般可收 3～4 潮菇,在采收后期可适当喷营养液或淘米水。

64. 怎样用培养料添加酵素菌栽培平菇?

酵素菌是由放线菌、真菌中的多种优势菌株构成的微生态体系,是多元高效有益微生物菌群。经多年试验、示范、推广,证明培养料中添加酵素菌对食用菌的生长发育,具有多方面的生理促进作用。

(1)菌株与酵素菌 所用平菇菌株为珞伽一号、潍平一号。菌龄以菌丝长满需 10～15 天为宜,要求菌丝粗壮,生长均匀,色泽洁白,无污染,无菌索,无异味,有菇香味。酵素菌由潍坊市碧亚酵素菌有限公司提供。

(2)选料与堆料　配方为:①麦秸粉为 70 千克、干牛马粪 25 千克、麸皮 5 千克、磷酸二铵 1.5 千克、生石灰 2.5 千克、酵素菌 1.5 千克、水 130～150 升;②玉米芯 85 千克、玉米粉 10 千克、麸皮 5 千克、复合肥 1.5 千克、生石灰 2 千克、酵素菌 1.5 千克、水 130～140 升;③棉秆粉 80 千克、干鸡粪 20 千克、石膏粉 2 千克、酵素菌 2 千克、水 125～135 升。据配方要求,选纯度高、新鲜、无霉变的原料。将拌料场地清扫干净,再用 2%石灰水消毒。水分分 3～5 次加入料中,料含水量达 65%。将拌好的料堆成宽 1～1.2 米、高 0.8～1 米的长拱形堆。向料堆表面和四周喷 500 倍的敌敌畏和 0.2%的多菌灵,然后盖膜。当料温达 60℃以上开始翻堆,每天 1 次,共翻 4 次。摊开发酵,每 100 千克干料加 2～3 千克石膏粉,喷 10～15 千克含多菌灵 0.5%、辛硫磷 0.2%的混合液,调拌均匀后起堆,用塑料薄膜盖严焖 4～6 小时,然后摊开,待料温降到 28℃以下时播种。发酵料颜色为棕褐色或棕红色,质地松软,富有弹性、爽利不粘,有香味或淡淡的酒糟味,含水量 65%左右,pH 值为 6～7,碳氮比为 35～40∶1。

(3)装袋接种

①制作微孔袋　选择 28 厘米×0.025～0.03 厘米的聚乙烯筒料,每 30～40 条叠放整齐,按距 5.5、5.5、10、10、5.5、5.5 厘米规格用缝纫机扎孔,扎孔时将针距调到最大。

②装料接种　先将微孔袋一端用绳扎好,撒播一次菌种,装一层料,适当压实,当料面跟微孔平齐时,再播一层菌种,再装料,直到第四层菌种播好后,再用直径 2～2.5 厘米的圆棍,

从料柱中心自上而下打一个通孔。每袋料重 3.5～4 千克,用菌种 0.2～0.3 千克。

(4)发菌与出菇管理

①发菌期管理　当气温高于 20℃时,单袋平放或立放,袋间留 3～5 厘米的空隙;气温低于 10℃时,堆放 4～6 层并在上面覆盖保温物。发菌期控制料温在 20℃～24℃,料温达 28℃时要马上翻垛,进行通风或喷凉水降温。菇棚覆盖遮阳物,尽量创造黑暗环境。每天通风 1～2 次,保持空气清新,经常向菇棚喷 800～1 000 倍的敌敌畏。在适宜的条件下,18～20 天菌丝发满,25 天开始分化原基。

②出菇管理　先用 0.2% 多菌灵或 2% 石灰水,对菇棚、菇房进行喷雾消毒。然后,将分化原基的菌袋南北走向排成 6～8 层高的菌墙。从原基分化较好的一端,选择原基大的部位,将塑料袋割破,露出鸡蛋大小的料面。开袋时应一层开这头,另一层开另一头。开袋后做好以下管理:根据品种的温度类型控制适宜温度,并促使昼夜温差达 10℃以上;调节湿度,使空气相对湿度达 85%～95%,每天喷水 1～2 次,每吨料喷水 10～15 升,以向空间喷雾为主;每天进行 2～3 次通风,保持空气清新;平菇子实体需要 200～400 勒的散射光,要求遮阳物的透光率在 50% 左右。子实体长到八成熟,即盖充分展开,边缘向下弯曲,菌盖凹陷部位刚出现白色绒毛,这时菇形美、品质好、比重大,是采收的最佳时期。

65. 怎样用泥炭栽培平菇?

用佛罗里达平菇做菌种,以棉籽壳、稻草为添加物,试验用泥炭栽培平菇获得成功。试验时,以棉籽壳为添加物,泥炭含量分别为 100%、90%、80%、70%、60%、50%、40%、30%、

20%和10%,共10个配方。按常规灭菌后接入液体菌种。结果表明,佛罗里达平菇菌丝在各配方中均能生长,其中泥炭含量为70%、60%、50%、40%、30%时,菌丝长势最好,菌丝洁白、浓壮,10天即长透250毫升菌种瓶。另试验分别以稻草、棉籽壳为添加物,采用塑料袋栽,泥炭含量为10%~90%的配方,在菌丝长满料后均能形成正常子实体。产量以泥炭含量10%~60%的为最高,生物转化率添加稻草的为67%~80%,添加棉籽壳的为80%~90%。泥炭含量超过70%时产量下降。

66. 怎样进行平菇埋木栽培?

黄土高原采用埋木法栽培平菇,取得较好效果。

(1)**段木和场地准备** 树种以杨树为主,于头年秋末砍伐、去枝,两端用木棒垫起。翌年5月初,选直径8~20厘米、树皮完整的树材,在水中浸泡3天,捞出晾干树皮,截成25~30厘米段木按原样对齐放好,断面不要污染泥土等脏物。栽培场地宜选向阳背风、近水源、中性壤土的阔叶林间空地。接种前,将场地浇水渗透,2~3天后挖栽培穴,深30厘米,东西长500厘米,南北宽150厘米。

(2)**接种和埋木栽培** 将段木按原样对齐平放于栽培穴内,边搬放段木边在断面间接1厘米厚栽培种,用灭过菌的牛皮纸把断面包扎好,段木与段木间的缝隙用湿土填实。接种后的段木表面要平整,然后在段木上覆盖3厘米厚湿土,再盖稿秆3~5厘米保湿。

(3)**接种至出菇前管理** 接种后,栽培穴周围开排水沟,防止雨水倒流。1周后,要经常在覆盖物上轻喷水,保持覆土湿润;一个半月后,可喷重水或浇灌。出菇前(9月初),去除覆草和部分覆土,使一小部分段木露出土表,浇灌水 1 次,再盖上竹帘和草席。

(4)**产菇期的管理** 9 月份气温降至 20℃ 左右时,进入产秋菇期。先用水浇灌栽培穴,3～4 天现蕾后每天轻喷水 2～3 次,使穴内相对湿度保持在 85%～95%,隔 10 天左右,即可采菇。头潮菇采收后,把穴整理干净,停水 1 周再浇水 1～2 次,10～15 天后又会现蕾,照上法再进行喷水管理,可采收 2、3 潮菇。春菇期及以后各年产菇期管理,均与秋菇管理相同。

(5)**越冬和度夏管理** 当 11 月中旬收完最后一批菇后应拆除覆盖物,清洁栽培穴,适当充填湿土和树叶,并灌越冬水。如遇冬季雪少时,翌年春节前后应再各灌水 1 次。3 月初解冻后,清洁栽培穴,挖除多余覆土,春灌 1 次,并覆盖薄膜以提高穴温。现蕾后,去掉薄膜改盖竹帘和草席,进入产菇期管理。末潮春菇收后,拆除覆盖物,清理栽培穴,停水 1 周后再覆土 20 厘米以上,填土略高于地面,准备度夏。待到 8 月底、9 月初,气温低于 22℃ 以下时,再挖去覆盖土,稍露出段木,进行喷水,促现秋蕾。平菇埋木栽培法一般能采收 3～4 年。

67. 怎样获得春栽平菇的高产?

(1)**春栽平菇优点** 春栽发菌期气温较低,温度回升稳定,料温容易控制,加上栽培环境中各种污染源大都处在不活跃时期,所以,不易发生高温烧堆、病虫侵染危害。春栽平菇,菇体发育速度快,转潮时间短,产菇期通常为 55～60 天,转潮间隔为 6～8 天。周期通常为 90～100 天,其中发菌期 35～40 天,产菇期 55～60 天。如管理得当,产菇率能达 80%～120%。

(2)**春栽平菇高产技术措施**

①适时种植　种植时间应掌握在日气温明显回升,且稳定在8℃左右,从2月下旬至3月下旬,一般选择在3月10日前后种植为宜。各地栽培时,应根据当地气温特点和菇场选用的不同,稍加提前或推迟。

②菇场选用　春栽平菇宜选室内菇场栽培。露地栽培要比秋栽时更加注重菇床的遮荫、通风和增湿措施。

③选好菇种　根据栽培实践,春栽平菇必须选用中温偏低或偏高的丛生型菌种较好。这类菌种有华丽侧耳、佛罗里达平菇,以及美味侧耳中的偏中温类型菌株。

④减少单位投料量　为避开产菇后期高温条件下孳生大量虫害,通常将单位栽培面积的投料量酌减,一般每平方米的投料量控制在15千克以下。

⑤改进栽培管理　春栽平菇栽培管理措施,总的原则是:发菌期要加强防寒、保温、增湿措施;产菇期要注重降温、通风、增湿和防虫害。可采用热水拌料、短期发酵和日光增温等措施,以提高发菌期料温;增添具有生长素的有机氮成分的辅料,如每50千克培养料增加5%～10%的玉米粉或麦麸等,以及适当提高用种量,来加快菌丝体的吃料速度和提高产菇的性能。

68. 怎样获得夏季栽培平菇稳产高产?

(1)菌株选择　夏季栽培平菇首先要选耐高温、抗杂菌能力强的菌株;其次要考虑所选择的菌株菌丝长过培养料后与培养料结合紧密,料与袋之间不形成菌皮或只能形成较薄的菌皮。经夏季栽培证明,生命一号、瑞迪一号、小平菇一号及黑89等4个广温型菌株搭配使用效果良好。

(2)栽培要点　夏季栽培平菇制袋时间在6月初至8月

初较为合适,此时正是平菇售价最高的时候。夏季应采用熟料袋栽。常用配方:①棉籽壳 80%,麦草 20%,另加生石灰 3%,石膏粉 1%,磷酸二氢钾 0.2%;②棉籽壳 80%,锯木屑 20%,另加生石灰 3%,石膏粉 1%,磷酸二氢钾 0.2%。拌料应在装袋前 1 天进行,拌好的料含水量应在 65%,料堆周围应有水流出为好。料拌好后用木棍在料堆周围间隔 50 厘米打洞,防止料堆中心厌氧发酵。栽培袋宜选用宽 20～23 厘米、长 45 厘米低压聚乙烯筒袋,装料时要求稍装紧些,袋口两端用绳扎紧。装好的料袋必须当天灭菌。灭菌采用 1 次能装 600～1 000 袋的土蒸灶,料进锅后立即烧水,短时间内使料温升到 100℃后维持 12～15 小时,再焖 12 小时出锅。待料温降到 35℃以下开始接种。接种发菌一般在同一场地进行。现都采用 8 米×30 米的拱形塑料大棚栽平菇,棚外膜上覆盖草帘或麦草,棚两边种上丝瓜或南瓜等爬蔓植物。出料前应对大棚内进行灭菌杀虫处理。接种安排在早晚进行,接种后袋口加套环,用报纸封口,"井"字形摆放发菌,堆高 3～4 层。将大棚两侧塑料膜卷起,离地面 5～10 厘米,发菌期间每隔 5～7 天喷杀虫剂 1 次,菌丝长满袋停止喷药,进入出菇管理期。一般接种后经 20～30 天菌丝即可长满袋。

(3)出菇管理 当菌丝长满袋后,首先将菌袋码成出菇袋墙即进入出菇管理阶段。此阶段主要解决好通风、降温、调湿工作。每天早晚向地面及袋墙喷洒干净凉水,保持袋口报纸湿润,经 3～5 天管理待幼菇顶起报纸,此时可取掉报纸,每天早晚继续给袋墙洒凉水,保持地面潮湿。若菇柄过长,说明通风不良,应将棚两侧塑料膜再向上卷一些,加大通风量,同时应保持通风口内外地面湿润。幼菇经 3～4 天管理即可采收销售。头潮菇采收后隔 7～10 天,2 潮菇随之形成,管理同头潮菇。一批料袋可出 5～7 潮,每潮菇采收后,必须清理袋口菇根及已死的小菇,防止虫害大量发生。如遇持续高温,菌袋不能正常出菇,必须做好洒水降温,喷药防虫工作。

(4)病虫害防治　栽培前,对所用的房间、大棚进行全面的杀虫杀菌处理。先按栽培容积计算每立方米用硫黄 5～10 克,分成若干堆在棚内点燃熏蒸 2～3 天,再按每立方米 5～10 毫升计算甲醛用量,将甲醛放到盆中加入 1/2 的高锰酸钾混合熏蒸 24 小时。栽培料袋在发菌期间定期喷洒杀虫剂,以防害虫通过微孔进入袋内咬食菌丝。

69. 冬栽平菇夺取高产的关键是什么?

(1)选低温型品种　低温品种如糙皮平菇、紫孢平菇、佛罗里达平菇等都可作为冬栽用菌株,出菇最低温度是 4℃～5℃,能在 15℃ 以下正常出菇。

(2)建半地下土温室　选背风向阳处,建坐北朝南的半地下土温室,最小使用面积为长(东西向)4 米,宽(南北向)3 米。四周围墙高 2 米(地上 1 米,地下 1 米),东西两山墙各砌 0.5 米高的墙脊,脊峰留在 1/3 处,脊的北面用檩条、树枝、柴草搭好,泥 20 厘米厚。脊以南每 25 厘米放 1 根小竹竿,四周泥平,再泥上一块 3 米×5 米的薄膜。一端山墙的正中留 0.6 米×1.2 米高的门,另端山墙则留 0.6 米×0.6 米高的窗,南北墙各留 3 个 0.5 米×0.5 米的小窗。门窗钉上纱窗、薄膜,外吊草帘。建半地下土温室时,可就地挖泥打墙,墙宽 0.5～0.7 米,并应在使用 30 天前建造完毕,通风干燥后备用。有条件的,还可砌成砖墙。这种 12 平方米的土温室,冬季 1 次可投料750～1 000 千克。

(3)选料配料　100 千克棉籽壳,加 1 千克石灰粉、120～

130 升水,再加 0.1% 的多菌灵。水温 10℃～15℃。塑料袋应选用宽 24～30 厘米、长 50 厘米的聚乙烯包装袋。玉米芯加工成 3～4 厘米长的段,使用前放入 0.1% 的高锰酸钾或多菌灵溶液中消毒。

(4)播种装袋 将 50% 的菌种均匀拌于 80% 的料内,装在袋的中部;另 50% 的菌种均匀拌于 20% 的料内,装在袋口两端。24 厘米宽的袋可装料 1.5 千克,30 厘米宽的袋可装料 2 千克(以干料计)。冬栽播种时间,一般为 11 月 12 日,气温在 5℃ 左右。播种期可一直延续到 12 月底结束。

(5)发菌期的管理 装好的菌袋一行行地排放在半地下土温室内,排 6～8 个袋高。发菌期料温应控制在 14℃～20℃,刚播种的菌袋料温很低,袋内甚至还有薄冰,这并不要紧,只要关闭好门窗,白天采光增温,晚间在屋顶塑料薄膜上盖 10 厘米以上厚草,一般 5 天左右室温可达 10℃ 以上,料温会超过 20℃,料内菌块萌发。此时应每 3 天左右倒堆 1 次。当料温持续不降时(25℃ 以上),可采取通风降温,房顶盖草日盖夜揭,菌袋排放矮一些,袋层间放 3～4 根秸秆等,都能起到控温作用。发酵期过后,料温趋向平稳,可 5～7 天倒堆 1 次,一般经 30～40 天可发满菌,45～55 天可见菌蕾。装袋 10～15 天后,可把两端袋口各拉开 1 个小孔,以补充氧气。发菌期空气相对湿度应控制在 60%～70% 之间。

(6)出菇管理 菌丝发满袋后,要将菌袋上面的报纸或草帘揭掉;这时的室温主要靠地热、太阳能和呼吸热来维持,平时可达 12℃～18℃,三九天争取控制在 10℃ 左右,连续 3～5 天调节温差,在室内地面浇些水,保持空气相对湿度在 85%～90%。待部分菌袋内出现菌蕾时,即可挽起袋口排放,保温保湿出菇。此后,每天通风 2 次,每次 0.5～1 小时。地面每天浇

1次水,每次浇水量按 500 千克料 25 升水为好,以浇井水为宜,这样头潮菇 15 天左右采收。

70. 怎样进行平菇的冬播春收栽培?

(1)**选择优良菌种** 优良菌种菌丝浓密、洁白、粗壮,在适温和光亮的地方培养,长不到半瓶就出现了子实体原基,菌丝结块紧密,菌块潮湿,有杏仁清香味。冬天播种,要选择耐低温菌株,如 P-801、北京农大 11 号、佛罗里达平菇等。

(2)**拌料** 用棉籽壳做培养料,播前经太阳晒 2～3 天,拌入 1%石灰粉、1%过磷酸钙、2%～3%石膏粉、0.2%多菌灵,料水比 1:1～1.5,pH 值为 7.5～8。拌后闷 1 个小时后播种。

(3)**建火道** 选背风向阳、地势较高处,挖一个宽 1 米、长5 米,一端深 70 厘米,另一端深 55 厘米的池子。池子挖好后,用砖砌成来回通道,如地下土坚实,可直接挖成通道,上面用瓦片盖好,再铺上 2 厘米厚的土。然后把拌好的培养料用砖隔成大小适宜的菌砖。

(4)**接种** 播入菌种分 3 层,上、中、下分别占 1/2、1/4、1/4,播后拍平,适当压实。然后在培养料表面铺 1 层报纸,放温度计,上盖 2 层薄膜。薄膜最好用木棒略微撑起 15～20 厘米。薄膜上再盖 1 层草帘遮光,然后四周压紧。下料量以每平方米 15～20 千克为宜,加入 5%～10%麦麸则有利于高产。

(5)**管理** 外界温度在 -5℃ 以下,就要加温,一般每天早上 6 点,晚上 6 点每次 1 个小时即可。当池内温度靠火一头达到 25℃～27℃ 时即可停火。有时池子的两头温差较大,可能是火道不通畅,或烟筒高矮不适宜。当菌丝长满培养料后,因外界温度仍然很低,不利于子实体形成,可把发好的菌砖搬放在阴凉的地方码好,待开春以后,温度稳定在 10℃ 左右时,再把发好的菌砖,浸泡在1%的石灰水里,或用大水喷后用薄膜盖严发菇。5～7天后,有珊瑚状小菇出现时,可把菌砖码开,把薄膜抬高20厘米左右。出菇阶段温度要控制在10℃～20℃,培养料湿度应保持70%左右,若湿度不够,可浇1次水。当菇蕾长到纽扣大小,培养料由白色变为浅黄色时,可根据子实体大小,分别进行喷水,保证出菇。

71. 平菇常用增产措施有哪些?

(1)追肥 平菇追肥一般在采收第一潮菇后,每采一潮菇后适当追肥,可取得明显的增产效果,但追肥要得当。

①微量元素混合液 如硫酸锌1克、硼酸5克、硫酸镁20克、磷酸二氢钾20克、维生素$B_1$20毫克、水50升。清理菇床后喷雾,用喷雾器喷至床面,或袋栽后期将塑料袋撕开喷在培养料上面。

②喷施 磷酸二氢钾0.2%,蔗糖或葡萄糖1%,硫酸镁0.1%,溶于水后喷施。每50升水溶液中加维生素$B_1$20毫克,效果更佳。此营养液一般在气温较低时使用。

③菇类增产素 目前市场上的菇类增产素种类繁多,主要有3大类:第一类是以微量元素为主,添加一定数量的营养成分;第二类是以激素类成分为主,添加一定数量的营养成分;第三类是微量元素与激素成分按比例混合。使用时必须了解增产素的主要成分,特别是含有激素的增产素,浓度一定要准确。常用的增产素有:维生素C 0.01%,维生素B_1 0.01%,磷酸铵0.1%,葡萄糖0.5%的水溶液。上述成分可单独使用,亦可混合使用。调节剂5克、硫酸镁20克、硼酸5克、硫酸锌10克、维生素B_1 250克、尿素50克、加水50升配成复合液剂。在菇蕾形成期,喷洒在培养料面上,可促进子实体形成与

肥大,增产 20％左右。

（2）覆草木灰或覆土

①覆草木灰 在气温较低时,床栽或畦栽时,在料面覆盖1 层草木灰,可起到保温保湿作用,用时可提供许多矿质营养,还可减少污染,应用得当可增产 10％～20％。

②覆土 好处很多,既能保温、保湿,还有营养作用,能减少幼菇的死亡。常用的覆土是菜园土或水稻田土,最好是砂壤土,若粘性太重,要加沙或草木灰掺和。覆盖的土最好晒干,覆土前添加草木灰等营养较丰富的基质,拌匀后喷水调湿,水中加入加土重量 0.2％的多菌灵或克霉灵,含水量 20％左右,调好后用薄膜覆盖 12 小时左右,覆土前打开薄膜散堆,待药味散发后再覆土。在生产过程中,常用的覆土方法有两种:一种是室外畦栽;另一种是室内袋栽平菇采收 3～4 潮菇后,菌袋内菌丝仍较好,将菌袋搬至室外塑料大棚或果树林下把塑料袋除去,将菌料单层紧密排放在做好的阳畦上,然后覆土。通常覆土厚度 1～2 厘米,覆土后应注意喷水调湿,气温低、空气相对湿度低时覆土要用薄膜保温保湿。当有子实体原基时,以喷雾方式加湿,雾点不宜太大,否则会将沙土溅到子实体上。通常覆土后仍能收 2～3 潮菇,增产效果显著。

（3）搔菌

①插片刺激 床栽或畦栽时,当菌丝长透培养料后迟迟未能出菇或采完一潮菇后迟迟不转潮,可用此法刺激出菇。用小木板或竹片等插入培养基,深度 3 厘米以上,插片的密度为每平方米 12 片左右。适当对温度、湿度、光照、通风等进行调控,幼菇会大量从插片处发生,可提前出菇,出菇整齐,从而增加产量。插片可随插随拔,亦可待采菇时一齐拔下。

②划线或破块刺激 平菇采收后停水养菌,常使料面板

结,菌膜(皮)增厚,透气透水能力下降,菌丝衰老,影响新原基的分化。这种现象随采菇次数的增多而愈加明显。若为床栽,可用消毒过的小刀或粗铁丝在床面划线,每隔15厘米划一条深3毫米左右的浅沟,在菌皮特别厚的地方将菌皮撕烂。划线后,以水喷雾增加空气相对湿度,通风后盖上薄膜,7天左右会有子实体原基形成。若是室外畦栽,可用硬竹帚在料面上来回打扫,将菌皮划破,并将剥落的菌皮从床面扫出,清理出床面,以水喷雾,增加空气相对湿度。

③拍打刺激 对迟迟未出菇或转潮的床面,用木板侧向拍打,每隔20厘米拍打1次,用力可大些,使料面有震动的感觉。亦可用直径2厘米左右的竹棍、钢筋从床面料的底部插入,轻轻撬料,使料面龟裂,但不能使料破碎,每隔50厘米撬1次,亦可刺激原基的形成。

(4)脱袋或翻料 当袋栽平菇采收2~3潮菇后,可将塑料袋纵向剪开不除去或将整个塑袋除去,单层紧密排在地面或床架上,覆盖薄膜,7天左右会有大量子实体形成。若采用箱栽、砖栽、床栽及畦栽的,在采收2~3潮菇后,可将培养料翻转。床栽或畦栽料翻转时,不能将培养料弄得太碎,应一块块翻转,空气相对湿度保持在90%左右,不久会有子实体原基形成。

72. 袋装平菇栽培中常遇到哪些问题？如何解决？

(1)培养料变酸发臭 培养料装袋灭菌接入菌种之后,料内会散发出一股酸臭味,影响菌丝生长。原因是培养料不够新鲜、干净,带有大量杂菌,特别是经过夏天雨季的陈料,在消毒灭菌不彻底的情况下,由于料内的各类霉菌大量繁殖孳生,使培养料酸败,便产生一股难闻的酸臭味;拌料的水分过多,料内氧气供应不足,使厌氧细菌和酵母菌乘机繁殖,导致培养料腐烂变质;菌丝培养阶段,由于料袋重叠,料温增高,使杂菌生长速度加快;麦粒菌种与料袋紧密接触,由于袋壁冷凝水浸泡麦粒,使菌种腐烂;料内氮素营养过高,与加入的石灰起化学反应,产生氨臭。解决方法:栽培前要选好原料,采用新鲜、干净、无霉变、无结块的培养料,拌料前在日光下曝晒两天;拌料时控制水分,勿过干过湿,棉籽壳和水之比以 1∶1.3∼1.4 为宜,其他作物秸秆加水量以 1∶1.5∼1.8 为好,水中最好加入 0.1% 的多菌灵或托布津等杀菌剂;酸臭味过重的培养料,应及早从袋内倒出,加入石灰水进行调节,使 pH 值为 7.5 左右,含水量达 60% 左右,重新播种栽培;如氨气过重,可加入 2% 的明矾水拌匀除臭;也可喷洒 10% 的甲醛溶液除臭;培养料如已腐烂发黑,只能作为优质肥料入田而不能用于栽菇。栽培场地散布的臭味,可喷撒除臭剂除去。除臭剂配方是:硫酸亚铁 5 份,硫酸氢钠 95 份,磨成粉在常温下充分搅拌即成。

(2)部分料袋只有一端长菌丝　在一个料袋的两端接入同一菌种,往往只有一端菌丝生长良好,另一端则菌丝萎缩死亡。原因是灭菌灶建得不合理,冷凝水不能沿灶壁回流入锅,却不规则地流入一部分袋口内,使此端培养料吸水太多,抑制了菌丝生长;或因料袋紧靠锅壁排放,锅装水太满,相互间空隙太少,使蒸汽循环受阻,冷凝水从灶壁流入靠一端的袋口,造成此端培养料过湿,影响菌丝生长;此外,如一端袋口扎得过紧,造成氧气不足,也会使菌丝生长受阻。克服办法:灶顶砌成圆拱形,使冷凝水沿灶壁回流入锅;料袋排放应与灶壁间有一定距离,以免进水;料袋不要排得过挤,以加速蒸汽循环,提高灭菌效果;单用橡皮筋或线绳扎口的料袋,菌丝定植后要把扎口松开一些以增加通气量,最好采用塑料颈圈,盖低封口,避免因缺氧而造成菌丝死亡;料袋中部应打一孔,将菌种(尤其是麦粒种)直接接入孔内,避免菌种与塑料袋直接接触,防止袋壁冷凝水浸死菌种。

(3)菌丝满袋后迟迟不出菇 有的菌袋,菌丝生长十分旺盛,但菌丝长满后迟迟不出菇,有的经2~3个月仍不现蕾。其原因有以下几种:

①菌种选择不当 中低温型平菇品种,如在春末夏初播种,菌丝长满后,正值夏季高温季节就难以出菇。遇到这种情况,应将料袋两头扎紧,减少水分流失。待秋季气温降低后,再打开袋口出菇,可减少损失。也可将塑料袋拿去,将菌柱紧密横排在潮湿阴凉的地方,上覆2厘米左右厚的一层碎土,盖上草帘,经常洒水保湿。待气温适宜时,去掉草帘,也可大量出菇。

②培养料的碳、氮比不适宜 平菇在菌丝体阶段,培养料中较适宜的碳氮比为20∶1,在子实体发生阶段,所需的碳氮比以30~40∶1为好。如果培养料中碳氮比例失调,氮素过多,碳素不足,就会出现营养生长过旺,形成菌丝陡长现象,严重时甚至浓密成团,结成菌皮,使生殖生长受到抑制,推迟出菇,影响产量。麦麸、米糠、薯类、豆饼、酵母、玉米等含有较丰富的氮素,添加时应掌握适量。处理的方法是将表皮浓密的菌块挠去,喷0.5%的葡萄糖或0.5~1毫克/千克的三十烷醇等含碳物质,调节碳、氮比值。同时加强通气、光照及加大温差刺激,可使其尽快现蕾出菇。

③母种扩接失当 在母种扩接时由于此时气生菌丝挑得过多,使原种、栽培种产生结块现象,则会严重影响子实体形成。

④及早戳破厚菌膜　菌丝长满后,在温度较高、空气湿度较低的情况下,过早地打开袋口,使表面形成一层干燥的厚菌膜,使菌蕾不能分化。遇此情况,可用铁丝在菌袋两头戳洞,再用小钉耙挠去表面干菌膜,将菌袋浸入 25℃ 以下水中 8～12 小时,待吸足水分后,再重新排放架上,给以通风、光照和温差刺激,增加空气湿度,也会很快出菇。

（4）有的料袋中间出现大量菇蕾　原因是装料不紧密,料与袋之间有空隙;灭菌时压力过大,胀破料袋或使料袋鼓起;装料或搬运中料袋刺破;菌丝成长阶段培养环境不适,如温差过大,光照较强,空气湿度较高等,均会促使料袋中部产生子实体原基。克服办法是装料要边装边压实,外紧内松,使培养料与袋壁紧密接触,不留空隙;装料搬运时要小心,避免料袋破损,蒸料后要缓慢放气;创造适宜菌丝发育的环境条件,培养室应进行遮光,保持温度恒定,相对湿度维持在 70% 左右;菌种培养室和出菇场地要分开。

（5）出现烧菌现象　烧菌是菌丝生长环境内的温度过高,超过了菌丝生活力范围而造成的菌丝死亡现象。当培养料内温度超过 30℃ 时,菌丝生命力减退;超过 40℃,就会发生烧菌。为避免发生烧菌现象,栽培中一定要控制料温不超过 30℃。夏季栽培最好在凉爽的室内进行,菌袋以单层排放为好,袋中插一支温度计,以观察料温变化。若温度较高,应及时采取降温措施,如在地面上洒些冷水,打开门窗进行通风等。需指出的是,培养料内温度一般比室温高 3℃～5℃,应引起注意。

（6）播种后有时菌丝不吃料、不发菌　平菇播种后有时菌丝不吃料,或开始几天菌丝生长很好,过几天就萎缩死亡了。一般由下列因素引起:培养料保存时间过久,已发霉变质,孳生大量杂菌,播种后菌种受杂菌包围;菌种转代次数过多,培养条件不良,保存时间过久或多次组织分离,造成菌龄太老,生命力降低;接种箱内施用消毒药过多,熏蒸时间过长,杀伤了菌种;培养料中含水量不适当,过干过湿;装料过紧过实,满足不了菌丝呼吸对氧的要求;培养温度过低,接种量小;播种过后气温过高,菌种受损伤;培养料碱性太大,pH 值超过 8。找出原因后,应有针对性地加以改进。

（7）**菌丝未满袋出菇** 原因是菌丝培养阶段环境条件不适宜,如培养料过干或过湿,装料时压得太紧,培养基内营养成分差,光线过强,温差较大,酸碱度不适宜等;或因菌龄太老,菌丝生活力减退。克服办法是创造适宜菌丝生长发育的最佳条件,包括配料、含水量、酸碱度、温度、光照等,都要适合于营养生长的需要;选择优质、生活力强的菌种。

（8）**不同的平菇菌种,能否混播在同一个料袋内** 不同平菇菌种不应混播在同一个料袋内。平菇品种较多,生长发育条件均有差异,混播一起会给管理带来困难;另外,不同菌种混播在一起会产生拮抗现象,相互侵占"地盘",大大影响菇的产量。

（9）**菌袋出菇后能不能随便移动位置** 如果菌袋出菇后,人为地随便移动位置,使生态环境发生变化,就会造成幼菇不能正常生长。因为平菇具有趋光性,在幼菇生长阶段,菇体内分泌出较多的生长素,其含量与运输方向受光的控制。如果此时搬动菌袋,使光源方向发生改变,其他生态因素也发生变化,菇体内生长素及运输方向也随之发生改变,因而影响了菇体的正常生长,有的发育成畸形菇,或使原基萎缩,或在原基旁长出新的原基,严重地影响产、质量。所以,不能随便移动位置。

73. 平菇栽培中会发生哪些不正常现象？如何处理？

（1）**菌丝萎缩** 平菇播种后5～10天，有时会出现菌丝萎缩现象。这常由于气温过高，加上料过厚使料温高达30℃以上，将菌丝烧死而造成；或者由于料过湿，又压得太紧实，通气差而造成。应加强通风换气，降低温度和湿度，料过紧实可将培养料撬松些。

（2）**不现蕾** 菌丝长满后长期不出菇。其原因：一是选用菌种不适宜，如冬季栽培用中温或高温型菌种，春季栽培用低温型菌种，由于气温逐渐上升，菌丝长满后高温来临，就不会出菇。二是菌种适宜，但子实体分化要求的散射光或一定的温差没有得到满足。遇此情况，地下室或人防地道中栽培应及时加光。气温高时，要在晚间多开窗户，增大通风量，降低夜间温度，人为地加大温差。若气生菌丝较旺，在培养料表面形成一层菌膜，可用铁钩等器具将其挠破，促使原基形成。

（3）**菌蕾变黄、坏死** 若发现子实体小菌盖突然变黄发软，子实体基部变粗，且水肿发亮，继而枯萎腐烂成为死菇，常是由于气温过高所致。当由菌丝体阶段转入子实体阶段时，如遇到22℃～23℃或以上的气温，会导致菌柄上端养分停止输送，因而使菌盖趋于死亡。遇此情况，一要立即清除死菇，二要及时采取降温措施。袋式栽培要在清晨、傍晚、夜间气温较低时通风降温，同时在棚室加强喷水降温；阳畦栽培要在料面上、菇坑周围增加喷水量，同时放低遮荫物以防热风直接大量吹入，达到降温目的。

（4）**菌盖生长缓慢、薄而弱小** 遇到菌柄粗长，菌盖弱小，甚至菌盖表面龟裂，萎缩干枯卷边，常是由于空气中湿度过低所致。此时，应及时提高空气中的相对湿度。袋栽可在棚室喷雾；阳畦要放低遮荫物，并及时喷水以造成湿润的小气候。

（5）**菌柄细长、多杈**　在地下室、人防地道、棚室栽培，出现菌柄细长，或在菌柄上又生出若干更小的菌柄，而不能形成菌盖等现象的原因，主要是光线不足。解决办法是增强散射光的透入或设置照明灯补充照明。

74. 怎样预防冬季畸形平菇的发生？

（1）**瘤盖菇**　在菇体发育过程中，生长较慢，菌盖表面出现瘤状或颗粒状的突起物，菇农称之为"起泡"或"起皱"。受害严重时，菌盖僵缩，菇质硬化，停止生长。发生原因是因为菇体发育温度过低，且时间过长，造成菌盖内外层细胞伸长失调。这种现象室内外菇场均有发生。因此，在栽培中，必须弄清栽培品种菇体正常发育能耐受的最低温度，同时加强保温增温措施，控制好菇床温度。采用变温措施时，菇床温度也应控制在菇体发育的适温范围内，且降温时间也不要过长。通常中温型品种菇场温度应控制在8℃以上，低温型品种应控制在0℃以上为宜。

（2）**粗柄菇**　原基发生后，菌盖分化和发育速度不正常，表现为菌盖小，菌柄长，且柄粗质硬，商品价值较低。发生原因主要是采用了闷闭等不适当的保温防寒措施，导致菇床供氧不足，菇体内养分运输失去平衡。以露地阳畦菇床发生较多。因此，即使遇上连续低温天气，产菇期也应掌握在日气温较高的时间内，对菇床进行适当短时间的通风换气，特别是露地菇场，要充分利用太阳能，提高菇床气温，从而利于对菇床通风换气。

（3）**蓝色菇**　菇体生长时，菌盖边缘产生蓝色晕圈，严重时甚至整个菇体如同泼上蓝墨水,直到菇体采收均不再退失。产生原因常是不正确的增温所造成。如用柴火、煤火等增温,产生的熏烟使菇房内一氧化碳等有毒气体增多,造成菇体中毒,刺激菇体发生变色反应。蓝色菇多发生在室内菇房,与平菇种类有很大关系,华丽侧耳对一氧化碳有很强抗性,而糙皮侧耳、美味侧耳却容易受害变色。所以,冬季菇场增温措施以采用日光、暖气、电热等方法为好,采用柴火、煤火等方法进行加温时,应装置封闭的传热、排烟管道。

75. 怎样控制人防工事栽培平菇中畸形菇的发生?

（1）花菜状菇　由大量原基密集似花菜状,直径由几厘米到20多厘米不等,菌柄不分化或极少分化,不形成菌盖。主要是二氧化碳和农药中毒所引起。

（2）珊瑚状菇　原基发生后,由松散分化不正常的菌柄组成,形同珊瑚,菌盖不分化或极少分化。系由供氧不足、揭膜过迟和光照不够所引起。

（3）长柄状菇　子实体柄长、粗、质硬,盖小、肉薄。主要由于光照量小,供氧不足,温度偏高等引起。

（4）萎缩状菇　菇体正常分化后逐渐停止生长,有的萎缩枯死,有的发黄腐烂。表现为菇体干瘪,甚至产生菇上长菇。发生原因是由于通风不好和湿度控制不当。

控制畸形菇发生,一要合理布局。人防工事菇场,应选在空气流通的地段,种植量占菇场面积的1/3～1/2为宜,以免供氧不足。二要适时下种。在无通风和除湿设备的条件下,下种掌握在工事内外温度接近季节的前20天左右为宜。一般选择在9月中下旬至10月下旬下种,以保证整个产菇期具有利用内外温差形成的自然通风换气条件。三要平铺栽培。人防工事弯道多,空气流动小,采用床架式栽培易造成通风不畅,故以席地平铺式栽培效果较好。菌床以宽 60～80 厘米、长 5 米为好。四要揭膜支弓。人防工事氧气一般偏少,故投料时不宜压得过实,并应在下种 5 天后每日揭膜换气 1 次,同时支弓将膜举起,要适当高些,以增加氧气。

76. 怎样防止平菇生料栽培的污染?

(1)**药物拌料** 用棉籽壳生料栽培平菇、凤尾菇,曾分别用 0.1%多菌灵加 1%的石灰水溶液,0.1%多菌灵溶液,0.05%高锰酸钾溶液,1%石灰水溶液拌料。结果以多菌灵加石灰水溶液拌料的效果最好,基本上不见霉斑。多菌灵溶液拌料的效果也较好,仅出现个别霉斑。石灰水拌料次之,出现局部污染。高锰酸钾溶液拌料的效果最差。用多菌灵、甲基托布津拌料,干热(94℃～98℃)处理、热水(95℃)浸泡和日光暴晒处理等方法,也可降低霉菌含量。其中多菌灵(25%)800 倍稀释液拌料,杀菌效果 67.9%;甲基托布津(25%)800 倍稀释液拌料,杀菌效果 86.9%;干热处理 4 小时,杀菌效果 100%;热水处理和日光曝晒处理杀菌效果均达 93%。

(2)**发菌温度** 大多数菌株在菌丝生长最适温度以下发菌,污染明显降低。春栽平菇、凤尾菇,在气温 15℃左右播种,料温 20℃上下发菌,虽未采用药物拌料,但菌丝发育良好,杂菌污染率低,栽培成功率高,只是发菌时间延长了 10～15 天。

(3)**菌种菌龄长短与播种量** 加大菌种播种量是防杂菌污染的有效措施。一般不得少于 10%～15%,但实际生产中往往达不到这一标准。选用适龄优质菌种,同样可控制杂菌污染。平菇(高温型品种例外)菌龄宜选 30～40 天之间。凤尾菇菌龄宜选 20～25 天之间。

（4）**通风透气** 实践证明，生料采用封闭式栽培，杂菌污染率很高，主要是酵母菌和厌氧性细菌大量繁殖，不注意通风透气，会造成严重减产甚至绝产。所以，在发菌阶段，应坚持隔 2～3 天揭开通风 0.5～1 个小时；温度高湿度大时，白天盖膜，夜间揭膜，效果较好。

（5）**添加营养物质** 实践证明，只要选用无水淋、无结块、无霉变、无污染的新鲜棉籽壳，不必添加其他任何辅料，不仅污染率低，产量也高。相反，加了其他营养物质后，使绿霉、青霉、链孢霉等霉菌污染严重，产量降低。

77. 怎样利用菌株的抗逆性生料栽培平菇？

刚引入糙皮侧耳、紫孢平菇、凤尾菇、佛罗里达平菇、侧五等菌株时，平均污染率均在 5% 左右。甚至在棉籽壳短期或局部受潮、发菌温度偏高（25℃～30℃）、培养料内加红糖、玉米粉之类营养物质，或播种生料菌种、污染菌种和出菇老化菌种，以及栽培管理粗放等，都不发生或很少发生霉菌污染现象。但随着栽培年代的增加，杂菌污染率逐年增长，增长幅度年平均在 5%～22% 之间。在各种条件均十分适合的条件下，有时也大量污染杂菌，损失惨重。说明菌株抗污性有随栽培年代增长而降低的特点。当更换新菌株之后，抗逆性又大大提高，虽然环境经历了多年栽培，被污染的废料成堆，杂菌基数较高，环境消毒亦不严格，选料、配料如常，播种栽培并没有增加特殊措施，管理也比较粗放，但污染率能控制在 10% 以下，栽培效果较好。当连续栽培几年之后，抗污能力又明显下降。实践证明，种糙皮平菇后，改种凤尾菇，再改种佛罗里达平菇，然后再改种紫孢平菇或侧五等，都能明显地提高栽培效果，有效地控制霉菌污染。鉴于上述情况,在实际生产中,应该做到:当地栽培的菌株,应当定期更换和轮换,一般3年3更换,最多也不能超过1年。在一年的栽培中,也可实行轮作制,如第一年糙皮平菇与凤尾菇轮作,第二年紫孢平菇和佛罗里达平菇或侧五轮作。

78. 怎样防治平菇栽培种的常见杂菌和害虫?

(1)常见杂菌及其防治

①绿色木霉 侵入培养料后,菌丝初期为白色,渐渐变成绿色或浅黄绿色,出现粉状孢子。培养料被感染后,平菇菌丝生长不良,严重时子实体死亡或根本就不能形成子实体。绿色木霉主要通过空气流通、接种工具和培养料及水等传播。培养料偏湿、呈酸性、通风不良时极易发生,在20℃～30℃时生长迅速。防治措施是选用生命力旺盛、抗杂菌能力强的菌种。原料要新鲜干燥,灭菌要彻底,严格按无菌操作进行接种。保持菇房清洁卫生,栽培前要彻底消毒,加强通风换气。床栽、畦栽过程中发生污染时,应尽量降低菇房温度,挖掉被杂菌污染的部分。挖掉前应先用石灰覆盖,防止孢子散发,挖去后再用石灰水或多菌灵800倍液喷洒,亦可用苯来特500倍液喷洒。

②链孢霉 菌丝白色,会产生大量粉红色孢子,在制种及栽培时危害严重,特别是棉塞潮湿时更易感染。孢子随风扩散,蔓延极快,高温、高湿及梅雨季较易发生。菌种生产时必须严格按无菌操作程序进行,遇到棉塞较潮湿时,可撒些石灰在棉塞上面。其他防治方法与绿色木霉防治相同。

③毛霉菌 在培养料上,毛霉菌丝粗壮,呈白色,较稀疏,很快形成黑色孢子囊。毛霉孢子广泛存在于土壤、空气、陈旧的稻草及棉籽壳等材料上,空气相对湿度90%以上、培养料

含水量偏高、通气不良均会引起毛霉大量发生。防治措施与绿色木霉相似,也可用干料重 0.1% 的甲基托布津拌料。

④根霉 菌丝在培养料上呈白色,后形成灰黑色孢子,菌丝不如毛霉菌发达。传播途径、防治措施与毛霉菌相同。

⑤曲霉(黄曲霉、黑曲霉) 在培养料中,菌丝白色,孢子形成后,黑曲霉呈黑色,黄曲霉呈黄色至黄绿色,危害与毛霉、根霉相同。曲霉喜欢中性偏碱性生长条件,培养料水分较低时有利于其生长繁殖。搞好环境卫生,清理废料是防治曲霉的关键。其他防治措施与其他霉菌相似。

此外,平菇栽培时还常受到细菌、酵母菌的污染,特别是高温季节栽培平菇时较易感染。在接种时严格按无菌操作规程进行,喷水时用干净的自来水或井水可大大减少细菌、酵母菌的污染。

(2)常见害虫及其防治

①菇蝇 幼虫是白色的蛆,头部黑色,有光泽。成虫小而细长,深褐色或黑色。停止活动时,双翅平叠在背上,卵很小,椭圆形,呈白色或淡黄色。幼虫钻入菇体使之失去商品价值,幼虫还蚕食菌丝体。成虫可携带病菌及螨类作为病虫害的媒介。菇蝇的发育速度取决于湿度的高低,24℃时,14 天左右完成一个生活史,16℃下需要 6～7 周。防治方法是培养料充分发酵能杀死菇蝇幼虫及虫卵,菇房装窗纱可防止成虫进入,或用 0.5% 敌敌畏喷雾,也可用棉球蘸敌敌畏原液悬挂。药剂喷杀可用敌敌畏 500 倍液进行床面或环境喷洒,亦可用乐果、菇虫净等。经验表明,定期在菇房周围环境喷洒杀虫剂能较好地减轻菇蝇的为害。

②瘿蚊 成虫极微小,橙黄色,幼虫体颜色多样,有水红色、橙黄色、淡黄色等。幼虫可把菌丝体全部吃光,轻微时幼虫

钻入菌柄、菌盖内取食,蛀成洞孔或缺刻。每条母虫平均可产幼虫 20 条,幼虫喜温暖潮湿环境,在干燥或其他不良条件下聚集成团,以保护生存。有效的 2 次发酵可杀死全部幼虫。在菇床上发现瘿蚊后,可及时施药控制,可用 1％氯菊酯喷洒。成虫有趋光性,可用灯光诱捕。

③果蝇 成虫黄褐色,腹末有黑色环纹,腹眼有红白变形,后翅退化为平衡棒,背面前端有一对触丝。幼虫乳白色,蛆状。幼虫取食菌丝体和培养料,使菌块表面发生水渍状腐烂,并能钻食菇体,导致子实体枯萎、腐烂。成虫可携带霉菌、线虫、螨等。果蝇喜欢在堆制发酵的培养料上及生活垃圾上产卵繁殖,最适生长温度 25℃左右。每代 12～15 天。防治方法:菇房设防虫网;或用 80％敌敌畏 1 000 倍液,每隔 5～7 天喷洒菌袋外表和菇房四周。

④螨 对食用菌为害较大的有蒲螨和粉螨两种。蒲螨体小,呈咖啡色,肉眼不易看见,多在料面集中成团。粉螨体型稍大,白色不成团,数量多时呈粉状。螨类直接吃食菌丝体,使菌丝萎缩、变色直至消失,造成栽培失败。菌种感染后,使菌丝稀少、退化。培养料、老菇房、菌种等都是螨类的重要虫源。防治方法是菇房尽量远离仓库、饲料库、禽舍等,以杜绝虫源。发现螨类,可用棉花蘸 50％敌敌畏药液熏蒸。

⑤线虫 线虫是一种无色线状的蠕虫,体型小,线形,体长 1 毫米左右,10 多天可繁殖 1 代。幼虫刺吸菌丝体养分,钻食菇体,往往为其他病菌的感染创造条件,从而加速或诱发各种病害,致使培养料变黑发粘,菌丝萎缩或消失,菇蕾死亡。通常由培养料、覆土和水源传播。线虫在闷湿、不通风的情况下大量发生。培养料堆温不高、偏湿易发生线虫。防治方法是做好培养料的发酵处理。培养室四周、地面喷施 90％晶体敌百

虫1 000倍液,栽培时可喷施50％辛硫磷1 000倍液。

⑥蛞蝓　蛞蝓属软体动物,身体裸露。成虫颜色因种类而异,有灰白色、淡黄色、黄褐色或褐色等。爬行处留有白色发亮痕迹。主要啃噬食用菌菌盖,严重影响产量、质量。在畦栽及室外立体栽培时,较易受到蛞蝓的为害,适宜人工捕捉。

79. 平菇何时采收好?

平菇适时采收既可保证质量,又可保证产量。一般来说,以菌盖展开,菇体色白,即将散放孢子以前采收为宜。采收过迟,菌盖边缘向上翻卷,表现老化,菌柄纤维程度增高,品质下降,且菌体变轻,影响产量。根据平菇不同生长发育阶段外部形态和营养成分的变化,有人将平菇子实体生长过程分为5个时期。第一期,菌盖形成,颜色深灰,菌褶出现;第二期,菌盖中部隆起,呈半球形,边缘向下,呈鼠灰色;第三期,菌盖展开,连柄处下凹,边缘平伸,呈浅鼠灰色;第四期,菌盖展开,边缘上翘,呈波浪状卷曲,呈黄灰色,大量释放孢子;第五期,菌盖萎缩,边缘上翘,出现裂缝,孢子释放完毕。第一至第五期平菇每100克蛋白质含量分别为23.83％、20.83％、20.96％、17.43％、15.71％,纤维素含量分别为4.65％、5.09％、5.16％、5.44％、7.4％。因此,从菇形、营养价值、纤维素含量看,若第四、第五期采收,不仅菇形不好,并且蛋白质含量较低,纤维素含量高达7.4％,已不宜食用,重量也有所减轻;若第一、第二期采收,虽然蛋白质含量较高,纤维素含量较低,但菇体较小,经济价值太低。第三期采收,蛋白质含量为20.96％,比第二期还稍高,纤维素含量为5.16％,虽比第二期有所提高,但幅度较小。因此,采收以第三期的平菇为最好,效益既高又保证质量。不同种类的平菇,如紫孢侧耳、糙皮侧耳、凤尾菇等，均可以此作为采收标准。一般来说，菌盖展开，颜色由深逐渐变浅，少量孢子释放时采收最适。若大量释放孢子，由于消耗了营养，使菇质下降。尤其是弹射出来的孢子，飞散到培养料表面后，会产生一些粘液，引起菌丝腐烂，并且有害于采菇者的身体健康。如吸入这种孢子，轻者引起咳嗽，重者会发烧、出斑疹。

80. 平菇采收的标准和方法是什么？

采收标准，应按具体要求确定，如果是提供国家出口的平菇，则应据外贸部门所定的标准进行栽培和采收。如日本，把平菇称为人造口蘑，要求具有口蘑的特点：丛生，菌丛伸长良好，每丛有 10～20 个平菇；菌盖色泽深，黑灰色；菌盖中央微凹；菌盖大小为 1.5～2 厘米。

采菇方法也要注意。若采法不当，则会破坏菇的外形。要用左手按住培养料，右手握着菌柄，旋转扭下，也可用刀子在子实体基部紧贴料面处割下。采收时要整丛收，轻拿轻放，防止损伤菇体，不要把基质带起，一潮菇采完后，应清理床面，将死菇、残根捡净。

三、金针菇

81. 金针菇有哪些营养和药用价值？

（1）**营养价值** 鲜金针菇含水量 89.7％～89.9％（合格商品）。每 100 克干的金针菇含蛋白质 26.2～27 克，脂质 4.9～5 克，碳水化合物 52.4～54 克，纤维素 8.7～9 克，灰分 7.8～8。维生素 B_1 3.01 毫克，维生素 B_2 2.13～2.2 毫克，烟酸 78.6～81 毫克。每 100 克灰分中含钙 10 毫克，磷 78～80 毫克，铁 8～9 毫克，钠 39～40 毫克，钾 360～849 毫克。每 100 克蛋白质中含异亮氨酸 86 毫克，亮氨酸 140 毫克，赖氨酸 140 毫克，含硫氨基酸 59 毫克（甲硫氨酸 27 毫克，胱氨酸 32 毫克），芳香族氨基酸 160 毫克（苯丙氨酸 88 毫克，酪氨酸 72 毫克），苏氨酸 94 毫克，色氨酸 33 毫克，缬氨酸 110 毫克，组氨酸 76 毫克，精氨酸 96 毫克，丙氨酸 150 毫克，门冬氨酸 150 毫克，谷氨酸 320 毫克，甘氨酸 98 毫克，脯氨酸 79 毫克，丝氨酸 81 毫克。每 100 克干金针菇中含麦角甾醇 272 毫克。

（2）**药用价值** 金针菇性寒，味稍咸，后微苦。能利肝脏，益肠胃，抗癌。经常食用可以预防和治疗肝脏系统疾患及肠胃道溃疡（因其子实体内含有精氨酸）；经常食用，尤其是学龄儿童，可以有效地增加体高和体重（因其子实体含有赖氨酸）。栽培金针菇的农家，癌病死亡率非常低，约为平均死亡率的 1/2。同时常食金针菇有预防因吸烟、吃咸菜、熏肉、火腿等诱发癌病的作用。此外，从金针菇子实体的水提取物中分离出一种碱性蛋白质金针菇素 Flammulin,含氮 16%,由 17 种氨基酸组成,对小白鼠 S-180 肉瘤和艾氏腹水瘤有抑制作用。金针菇中含有酸性和中性的食物纤维(膳食纤维),胆汁酸盐吸附在这种纤维上可以影响体内的胆固醇代谢,并把血液中多余的胆固醇,经过肠道排出体外,促使胆固醇的低下,因而经常食用金针菇可以预防和治疗高血压病。同时,该食物纤维还可以促进胃肠的蠕动,对预防便秘有显著的效果,也可以把消化系统的灰尘、纤维等污染物排出体外,起到洗胃、涤肠的作用,因而经常食用金针菇可防止消化系统的病变。

82. 金针菇由哪两部分组成?

(1)**菌丝体** 菌丝体是由孢子萌发而成。在人工培养条件下,菌丝通常呈灰白色、绒毛状,有横隔和分枝。和其他食用菌不同的是,菌丝生长到一定阶段,会形成大量的单细胞粉孢子(也叫分生孢子),在斜面菌种的表面,常可见到灰白色的一层粉末,就是粉孢子。这种粉孢子也能萌发成菌丝。有时菌丝也会断裂成节孢子,在适宜的条件下可萌发成单核或双核菌丝。有人在菌种评比中发现,金针菇菌丝阶段的粉孢子多少似乎与金针菇的质量有关,粉孢子多的菌株,质量都较差,菌柄基部颜色较深。

(2)**子实体** 子实体的主要功能是产生孢子,繁殖后代。金针菇的子实体由菌盖、菌褶、菌柄三部分组成,多数成束生长,肉质柔软有弹性。菌盖球形或呈扁半球形,直径 1.5~7 厘米。幼时球形,逐渐平展,过分成熟时,边缘皱褶,向上翻卷。菌盖表面有胶质薄皮,湿时有粘性,色黄白至黄褐。菌肉白色,中央厚、边缘薄,菌褶白色或带奶油色,稍密,不等长。菌柄硬,长5~20 厘米,直径 2~8 厘米,等粗或上面稍细,柄上端呈白色或淡黄色,基部暗褐色,密生黑褐色绒毛。初期菌柄内部有髓心,后期变中空。孢子印白色,担孢子在显微镜下无色,表面光滑,呈椭圆形,5～7微米×3～4微米。

83. 金针菇的生活史怎样?

金针菇的生活史比香菇、平菇复杂。担孢子成熟后从菌褶落下来,遇适宜环境就萌发长出芽管,芽管不断发生分枝和延伸,最后发育成菌丝。刚由孢子萌发的菌丝,十分细嫩,每个细胞中只有一个细胞核,称为单核菌丝(初生菌丝)。金针菇有性阶段产生的担孢子,有四种交配型(AB、ab、Ab、aB),性别不同的单核菌丝进行结合,才能产生质配形成的双核菌丝。因此,金针菇属四极性异宗结合的菇类。双核菌丝经一定发育阶段后,扭结成原基,逐步长成子实体。子实体成熟后,菌褶中形成无数担子,经核配、减数分裂,每个担子又着生四个担孢子。金针菇就是这样的生长发育,完成自己的生活史。但金针菇的单核菌丝也会形成单核子实体,和双核菌丝形成的子实体相比,子实体小,没有实用价值。由于金针菇的单核菌丝也能形成单核子实体,表现了双核化作用,所以,生活史不同于香菇和平菇。

金针菇尚有一个无性阶段,即产生大量单核和双核粉孢子。粉孢子在适宜的条件下萌发成单核或双核菌丝,单核菌丝经质配形成双核菌丝,再按双核菌丝的发育方式,继续生长发育,直到形成担孢子为止。这也是不同的地方。

84. 金针菇生长发育需哪些条件?

(1)营养 金针菇是腐生真菌,只能通过酶的作用从现成培养料中吸收营养物。所以,在栽培中培养料的选择对产量和质量有很大影响。金针菇和平菇、香菇不同,分解木材能力较弱,砍伐后的坚硬树木,没有达到一定的腐朽程度,是决不能长出子实体的。

碳源是金针菇最重要的营养来源,不仅是合成碳水化合物和氨基酸的原料,也是供应金针菇生命活动的能源和构成细胞的主要成分。在自然界中,金针菇能利用木材中的纤维素、木质素等化合物补充碳源。但宜选用阔叶树木屑,且木屑须经堆积发酵或陈旧的、已部分分解的,才适合金针菇生长。为此,日本有"木屑越陈旧越好,其他原料越新鲜越好"的说法。除木屑外,还可用甘蔗渣、棉籽壳、酒糟、豆秆等栽培金针菇。氮源是金针菇合成蛋白质和核酸不可缺少的原料。在栽培中,通常用麦麸、玉米粉、大豆粉、棉籽粉为氮源。在营养阶段,碳氮比为20:1为好,生殖阶段以30:1至40:1为宜。

金针菇还需要一定量的无机类矿物质,如镁离子和磷酸根离子。特别是磷酸根离子是金针菇子实体分化不可缺少的。各种元素如铁、铜、锌、锰、钴、钼、钙对金针菇的生长发育也是必需的。金针菇是维生素 B_1 和维生素 B_2 天然缺陷型,必须由外界添加,才能良好生长,故习惯上要加一点玉米粉、米糠等。

(2)温度 金针菇的生长发育可分为营养阶段和生殖阶段。营养阶段是指菌丝生长阶段,生殖阶段是子实体分化和子实体发育阶段。各生长阶段对温度要求不同。金针菇菌丝体,在 5℃～34℃ 范围内均能生长,适温为 20℃～28℃,最适为 23℃左右。菌丝较耐低温,在 -21℃ 经 138 小时后仍能生长。对高温抵抗力很弱,34℃以上停止生长,甚至死亡。子实体分化(又称原基分化)要求的温度为 10℃～15℃,最适温度 12℃～13℃。原基可在 10℃～20℃ 范围内生长,超过 23℃ 形成的原基会萎缩消失。子实体生长正常所需要的温度为6℃～

19℃,最适温度8℃左右。子实体发生后,在4℃下用冷风短期抑制处理,可使金针菇发生整齐,菇形圆正;生长时如遇20℃以下温度,子实体生长变差;低于6℃,生长虽然缓慢,但菇柄长,颜色白,菇盖不易开伞。3℃以下,菇盖变成麦芽糖色,朵形也不圆正。

(3)**湿度** 金针菇对水分要求敏感,需要水分较多。菌丝生长,培养基含水量应在70%左右。低于50%,菌丝停止生长;超过75%以上,生长缓慢,甚至停止生长。子实体形成和生长的培养基最适含水量为65%,低于50%子实体不会形成。空气相对湿度60%时,菌丝生长阶段杂菌污染率低,随着湿度上升,杂菌污染增多。原基分化时空气湿度宜在80%～85%。子实体生长空气相对湿度应达85%～90%。为防止病虫害发生,温度高时湿度宜低。

(4)**空气** 金针菇是好气性菌类。当空气中二氧化碳浓度过高时,就会影响金针菇的正常生长。所以,在培养菌丝时,培养室要经常通风换气。但在子实体生长时,为提高菇柄长度和抑制菌盖发育,必须利用二氧化碳这一不利菌盖开伞的因素(菌盖直径随二氧化碳浓度增加而变小,二氧化碳浓度超过1%,会抑制菌盖发育,浓度达5%,就不能形成子实体),培育出菌柄粗长、菌盖小的优质菇。在实际栽培中,有时为长出优质菇,误以为二氧化碳越多越好,忽视培养室的通风,也不利培育优质菇。

(5)**光线** 金针菇是厌光性菌类,菌丝在黑暗条件下能正常生长,原基在完全黑暗下也能形成。光线能促进子实体发生,但只要微弱光线就足够了。为在子实体发育时有微弱光线,可在黑暗的培养室中装上电灯(15～25瓦灯泡),以便控制。

（6）酸碱度　金针菇喜在弱酸的培养基上生长，在 pH 值为 3～7 的范围内菌丝都可生长，最适 pH 值为 4～6，pH 值在 7 以上及 3 以下则不生长。出菇期适宜 pH 值为 5～6。

另外，金针菇子实体产生的快慢还取决于菌龄，菌龄太长或太短都难以形成原基。在栽培中，原种菌龄稍长或稍短对菌丝生长影响不大，但子实体形成和产生都比正常原种差。在正常湿度培养 35～40 天的原种，用于生产最合适。

85. 金针菇制种有哪些培养基配方？

（1）母种常用的斜面培养基配方

①马铃薯（去皮）蔗糖培养基（PSA）　马铃薯（去皮）200～250 克、琼脂 20 克、白糖 20 克、水 1 000 毫升，pH 值为 6.5（以下同）。

②马铃薯葡萄糖培养基（PDA）　将①号培养基中的白糖改为葡萄糖即可。

③马铃薯蔗糖培养基　该培养基用于产生粉孢子多的金针菇菌株。马铃薯 200～250 克、硫酸镁 5 克、白糖 20 克、维生素 $B_1（B_2）$100 微克、磷酸二氢钾 2.5 克、水 1 000 毫升、琼脂 20 克。

④麦芽浸膏酵母琼脂培养基（MYA）　麦芽浸膏 7 克、琼脂粉末 15 克、豆胨 1 克、酵母浸膏 0.5 克、水 1 000 毫升。

⑤杏汁培养基　此培养基特别适合金针菇子实体的发生，但必须注意干杏不可太多，培养基若太酸，琼脂不会凝固。干杏 40～50 克、琼脂 15～25 克、水 1 000 毫升。

⑥玉米粉培养基　玉米粉（取煎汁）40 克、琼脂 20～30 克、蔗糖 10 克、水 1 000 毫升。

⑦麦芽汁培养基　麦芽（取汁）50 克、琼脂 15～克、水 1 000

毫升。

(2)原种、栽培种培养基配方　木屑培养基:阔叶树木屑(或甘蔗渣等)73%,蔗糖1%,细米糠(或麦皮)25%,碳酸钙1%,料水比1:1.2～1.3。棉籽壳培养基:棉籽壳88%,蔗糖1%,细米糠(或麦皮)10%,碳酸钙1%,料水比1:1.2～1.3。麦粒培养基:麦粒或玉米粒99%,碳酸钙1%。

86. 怎样鉴别金针菇菌种的优劣?

(1)黄色菌株的优良母种特征　菌丝白色绒毛状,强壮、致密,紧贴培养基表面,生长速度快,一般7天左右长满试管培养基表面,长势均匀,粉孢子极少。在出菇适宜的温度条件下,培养基表面容易出现淡黄白色的子实体,为正常而且优良的菌种。培养基已干枯收缩的斜面母种,表明存放期过长,菌丝已老化。琼脂培养基上已出现开伞子实体的菌株,母种已不纯,应弃去不用,感染上杂菌的母种,更应淘汰。

(2)白色菌株的优良母种特征　菌丝白色绒毛状,强壮、生长旺盛,气生菌丝爬壁,生长速度快,10天左右长满培养基表面。菌丝在琼脂斜面上长势均匀,母种块与生长的菌丝之间未见明显的分界线,粉孢子虽比黄色母种多,但未结成团状的母种为优良的菌种。菌丝棉絮状、蓬松,生长速度慢,长势不均匀,后期粉孢子多且在斜面壁上结成一块块团状物的母种为不良母种。菌丝变黄倒伏的母种应淘汰,出现子实体已开伞的母种也弃去不用。

(3)原种和栽培种质量的优劣　黄色和白色菌株的优良原种、栽培种特征较为相似。菌丝表现洁白而致密、生长速度快(长满瓶30～35天)、均匀,粉孢子少的菌种为优良的原种、栽培种;菌丝生长稀疏或不能继续往下生长而出现波浪式生长趋势的菌种、生长区界出现明显的抑制线的菌种、瓶内出现已开伞子实体的菌种均为不良菌种,应淘汰不用。这三级菌种只要菇蕾未分化成菌盖开伞的子实体均可用来作为接种菌种,不会影响菌丝生长速度、出菇天数及其产量,接种时,只需把子实体剔除即可使用。但一般情况下,应使用未长子实体的菌种。

87. 金针菇有哪些优良菌株?

(1)"三明1号"菌株 该菌株是三明真菌研究所驯化选育的优良菌株,子实体菇蕾数达200朵以上,早期呈半球形或近球形,后逐渐开展,直径1~2.5厘米。菌盖淡黄色,菌肉厚0.2厘米,中央稍厚,边缘渐薄,开伞较快。菌褶白色。菌柄离生、圆柱状、粗细较均匀,长10~15厘米,直径0.3~0.4厘米,较粗壮,黄白色至淡黄褐色,控制好栽培条件,下半部可呈金黄色,绒毛不明显。菌柄分枝多,少扭曲,属细密型。特点是菌丝生长快,栽培周期短,适应性广,产量高。栽培应注意:必须在黑暗的环境条件和低温下栽培,子实体能保持金黄色至黄白色,可防止菌柄基部呈褐色和绒毛增多。同时要注意在塑料袋口和床式栽培架上盖上覆盖物,以提高二氧化碳的浓度,抑制菌盖开伞。

(2)昆研 F908 菌株 由原商业部食用菌研究所驯化选育。子实体丛生,菇蕾数达120朵以上;菌盖早期呈近球形,成熟后盖缘反卷成波浪形;淡黄色、光滑,湿时近粘性,有皮囊体,直径1.5~5厘米,菌褶白色,直生;菌柄圆柱状,中生,长5~20厘米,粗0.4~1.5厘米,上部金黄色,下部呈褐色,有绒毛,早期柄内充满纤维质的髓心,松软,后期中空,坚韧具骨质;孢子印白色。孢子在显微镜下无色、平滑,椭圆形。该品种具有发菌快、出菇早、产量高、质量较好、抗逆性强等特点。

(3)黔相6号菌株 由贵州科学院生物研究所选育。菌盖 2～7 厘米，初时半球形至平展；菌柄长 12～17 厘米，直径 1～ 1.6 厘米，上部白色至淡黄色，下部深褐色。该菌株具有菌柄 粗壮、长度适中、菌盖不易开展、组织紧密、较耐贮存的特点， 适宜鲜销。黄色金针菇尚有：四川什邡县微生物协会选育出的 川金 916 菌株；中国农业科学院沈阳林土所的 8310、84131 菌 株；山西原平农校选出的野生金针菇菌株；河北微生物研究所 的野生菌株；江苏微生物研究所的野生菌株；南京农大微生物 组的南金 1 号菌株；华中农业大学的华金 11、华金 24 菌株； 西南师范大学生物系选育的西师 8001 菌株；徐州师范学院生 物系选育的野生金针菇 CV 菌株；河南洛阳农业高等专科学 校选育的洛金 1 号野生菌株；山东龙口食用菌所选育的龙口 金针菇野生菌株；湖北当阳科委食用菌研究所驯化的长坂 1 号等。

(4)杂交 19 号菌株 福建三明真菌研究所选育的国内第 一个金针菇杂交优良菌株。子实体丛生，菇蕾数 400～600 朵， 菌盖白色至淡黄色，早期球形—半球形，圆整，后渐平展，直径 0.5～1.5 厘米，菌肉厚 0.3 厘米左右，稍内卷，开伞速度较 慢。菌褶白色，稀疏至密集，与菌柄离生。菌柄圆柱状、中空、 细、均匀，直径 0.2～0.3 厘米。菌柄在 15 厘米以下时，整体白 色，稍有光泽，几乎无绒毛。菌柄在 15 厘米以上时，基部 1/5 处逐渐变淡黄色，稍有绒毛。分枝多，极少扭曲，属细密型。菌 丝白色长绒毛状，爬壁力较弱，大部分菌丝紧贴培养基表面， 生长速度快，强壮浓密，表现出杂种优势。温度：菌丝生长适温 16℃～28℃，最适为 23℃左右，4℃以下与 34℃以上菌丝停止 生长，超过 37℃菌丝死亡。子实体形成温度为 4℃～24℃，最适 13℃左右,生长适宜温度 5℃～16℃,该菌株的子实体在 24℃时还能抗 48～72 小时的高温,一旦温度下降仍能正常生长,极少发生细菌斑点病。质量最好,菌柄结实,色泽白,不易开伞。湿度:菌丝生长适宜含水量是 60%～70%。还具有栽培周期短,适应性广,产量高。采用搔菌法、直生法、再生法、两头出菇法等多种方式栽培,均产量高。尚有华中农业大学植保系真菌研究室通过单孢杂交育出的华金 63、华金 18 等杂交种,出菇整齐,不易开伞,高产优质,将在国内逐步推广。

(5)SFV-9 菌株　由上海市农科院食用菌所从国内外引进的 17 个菌株中筛选出来的子实体色白、出菇整齐,菌盖圆整、不易开伞、产量高的金针菇菌株。菌丝白色,绒毛短而蓬松,粉孢子较少。菌盖幼时呈球形,后呈半球形;菌肉厚,内卷不易开伞;菌柄粗细均匀,长 15～17 厘米,粗 0.3～0.4 厘米;绒毛极少;主枝多,很少产生侧枝。整株子实体呈乳白色,气温升高时基部呈黄色。菌丝在 20℃～30℃均能生长,最适温度 25℃左右。子实体出菇温度 4℃～18℃,超过 18℃难于形成,子实体生长的适宜温度是 8℃～14℃。最适含水量 60%～65%。该菌株属中熟品种,一般在接种后 35 天可出菇,至金针菇采收 50 天左右。

(6)FL8815、FL8817 菌株　由中国农业科学院植保所微生物室采用 γ 射线对金针菇原生质体进行诱变选育出来的菌株。两菌株的菌盖开伞均较慢,菌柄浅色部分较长。FL8815 子实体分枝多,密集型,菇蕾整齐,菌盖淡黄色,不易开伞。菌柄中粗,白色至淡黄色,基部黄色至浅黄褐色,绒毛不明显。产量较高,生物学效率达 95% 以上。FL8817 子实体分枝也多,菇形整齐、菌盖淡黄不易开伞,菌柄白至淡黄色,其余基本与 FL8815 相似。生物学效率较高,达 100%。在 2℃～9℃范围内能生产出优质商品菇。是产量较高,品质好的中、低温型菌株。

(7)辐金 1 号菌株 河南省科学院同位素研究所用 γ 射线处理经过驯化的野生金针菇 FL126 的双核菌丝,选育出辐金 1 号品种,产量高,菌丝生长速度快,出菇早,子实体形态上仍较相似于野生金针菇。

(8)FL9309、FL9321 菌株 北京农林科学院植保所以杂交 19 号作为诱变出发菌株,经担孢子紫外线诱变、单核菌丝体杂交,培育出 FL9309 和 FL9321 菌株,产量比原菌株提高。

(9)FL8801 菌株 子实体丛生,菇蕾数多,有效数在 200～400 根。菌盖肉厚 0.3～0.4 厘米,直径 0.5～1 厘米,不易开伞,正圆形。菌柄中粗,粗 0.3～0.4 厘米,较硬挺,基部粘连普遍,有绒毛。菌丝体适温 20℃～22℃,最适 13℃左右。子实体生长时空气湿度在 80%～90% 较为适宜。

(10)FL088 菌株 该菌株是河北农林科学院从国外引进的金针菇品种。子实体丛生,菇蕾数在 200 朵以上(多时达 400～600 朵),生长整齐。菌盖乳白色,早期呈球形,后期呈半球形,直径 0.5～1.5 厘米。菌肉厚 0.3～0.35 厘米,菌褶白色,离生。菌柄乳白色,纤维质,圆柱状,中空,粗细均匀,长 15～20 厘米,直径 0.2～0.4 厘米,稍有光泽。菌柄大部分无绒毛,仅在近基部处有白色细密绒毛,比 FL8801 的菌柄细、软。菌丝在 5℃～25℃均能生长,最适温度 25℃左右,在 30℃左右菌丝能萌发,但几乎不长。35℃菌丝停止生长,经 1 周还不会死亡。出菇温度为 5℃～15℃,最适 10℃左右。用棉籽壳袋栽,每袋装干料 300 克,平均袋产鲜菇 300 克,生物学效率达 100%。鲜菇整株乳白色,质脆嫩。

(11)FL21 菌株 该菌株是浙江引进的白色金针菇菌株,

生物学效率可达 120% 以上,经济效益高。菌丝白色、粗壮、浓密,粉孢子较少,锁状联合明显,生长快而整齐。子实体纯白色、丛生。菌盖帽形,不易开伞。成熟时菌柄柔软、中空,但不倒伏,下部生有稀疏的绒毛。菌盖 1～2 厘米,菌柄长 15～20 厘米,粗 0.2～0.3 厘米。菌丝在 3℃～33℃ 范围内均能生长,23℃ 生长最快。菌丝在含水量 65%～70% 的培养料内生长最好。出菇时空气的相对湿度以 85% 左右为佳。

(12)FL8909 菌株　该菌株是福建省从日本引进的一株粗柄型白色菌株。子实体丛生,分枝较多,有效数 160～250 根,柄粗 0.3～0.7 厘米,柄长 15～23 厘米。菌盖内卷,不易开伞,直径 0.5～1.7 厘米,整株子实体洁白有光泽。菌丝在 5℃～29℃ 下均能生长,子实体发生温度 5℃～16℃,最适温度 12℃～13℃。生物学效率 70%。

(13)FL8-10 白色杂交菌株　该菌株是采用国内 FL2 黄色金针菇与 FL8 日本纯白色金针菇单孢杂交培育而成的新品种。既具有黄色金针菇品种菌丝生长快、浓密、旺盛有力、抗霉能力强、耐高温、出菇与转潮快、产量高、栽培简单、风味好、柄脆等优良特性,又具有纯白色金针菇品种全、体洁白、菌盖内卷、不易开伞、形状美观等优点。菌丝体生长适温 5℃～28℃;子实体在 15℃ 左右的温度下,7～8 天大量现蕾出菇,在 5℃～8℃ 低温下也只需 10 天左右出菇。湿度:培养料含水量 70% 左右,料水比为 1:1.3 左右。搔菌是该菌株栽培的重要技术。当菌丝长满袋时,一定要将培养基表面的老菌种块搔掉。搔菌的菌袋 7～8 天后便能大量现蕾。该菌株抗高温、抗病能力强,性状稳定,产量高,可出菇 4～5 批;转潮快,只需 5～6 天,每袋单产:出口标准菇(菌柄长 15 厘米)0.35～0.5 千克,内销菇(菌柄长 20～25 厘米)可达 0.6～0.7 千克。不但比日本白色金针菇栽培粗放,而且产量也高于日本引进的其他白色金针菇菌株。该菌株还具有菇形美观、色白洁丽、风味极佳的特点。其口感似黄色金针菇的清脆、鲜嫩、可口,克服了日本白色金针菇炒、煮后子实体发软,缺乏脆感、粘稠的缺点,在市场上更受人们的青睐。

88. 哪些培养基配方是优质高产栽培金针菇的配方?

（1）棉籽壳培养基　①棉籽壳(或废棉团)78%、细米糠(或麦皮)20%、糖1%、碳酸钙1%;②棉籽壳85%、麦皮10%、糖1%、玉米粉3%、碳酸钙1%;③棉籽壳83%、麦皮15%、糖1%、碳酸钙1%;④棉籽壳37%、木屑37%、麦皮24%,糖1%、碳酸钙1%;⑤棉籽壳35%、木屑35%、麦皮25%、玉米粉3%、糖1%、碳酸钙1%;⑥棉籽壳33%、木屑33%、麦皮32%、糖1%、碳酸钙1%。

（2）豆秆培养基　①豆秆屑73%、麦皮10%、玉米粉10%、茶籽饼5%、蔗糖1%、石膏粉0.5%;②豆秆屑78%、麦麸10%、玉米粉10%、蔗糖1%、石膏粉1%、磷肥0.5%。

（3）花生壳培养基　①花生壳73%、麦麸10%、玉米粉10%、蔗糖1%、石膏粉1%、茶籽饼5%;②花生壳78%、麦麸10%、玉米粉10%、蔗糖1%、碳酸钙0.5%、磷肥0.5%。

（4）橡树锯木屑培养基　橡树锯木屑63%、玉米芯10%、麦麸20%、玉米粉5%、蔗糖1%、石膏粉1%。

（5）玉米芯培养基　玉米芯63%、豆秆屑10%、茶籽饼20%、麦麸5%、蔗糖1%、石膏粉1%。

（6）木屑培养基　木屑70%、麦麸25%、玉米粉2%、蔗糖1%,碳酸钙1%。

（7）蔗渣培养基　干蔗渣 70%、麸皮 25%、玉米粉 2%、蔗糖 1%、碳酸钙 0.5%、蔗糖 1%、碳酸钙 0.5%。

（8）稻草培养基　稻草 70%、麸皮 25%、玉米粉 3%、碳酸钙 1%、蔗糖 1%。稻草切成 2～3 厘米长,用清水浸泡 4 小时,水洗沥干,然后拌料。

（9）麦秸培养基　麦秸 70%、麸皮 25%,玉米粉 3%,蔗糖 1%,石膏粉 1%。

（10）碎纸屑培养基　碎纸屑 78%、麸皮 10%、玉米粉 10%、蔗糖 1%、石膏粉 1%。碎纸屑处理可用石灰水和清水浸泡法。石灰水浸泡法:用于处理报刊杂志等有油墨的废纸,5% 石灰水浸泡 10 小时,以清水洗至中性,撕碎、拧干、备用。清水浸泡法:用于处理废纸箱,包装箱等,因本身含有大量烧碱,需泡 6 小时,水洗、撕碎、拧干。

（11）谷壳培养基　谷壳 30%、木屑 43%、蔗糖 1%、米糠 25%、碳酸钙 1%。谷壳处理方法:谷壳经 1% 石灰水浸湿 24 小时,捞起洗净降碱,然后拌料。

（12）高粱壳培养基　高粱壳 50%、高粱粉 47%、尿素 1%、过磷酸钙 1%、石膏粉 1%、用石灰调 pH 值为 6.5～7。

（13）香蕉秆培养基　香蕉秆 40%、木屑 25%、蔗渣 25%、麸皮 4%、玉米粉 4%、另加复合肥 1%,碳酸钙 0.5%,石灰 0.5%。

（14）苇叶培养基　苇叶 88%、麸皮 10%、石膏 1%、蔗糖 1%。

（15）啤酒糟培养基　啤酒糟 80%、棉籽壳 20%。

（16）醋糟培养基　醋糟 78%、棉籽壳 20%、磷酸二氢钾 0.5%、石膏 1.5%。选择出池不久的新鲜醋糟,每 100 千克原料用 3 千克石灰水中和,以提高 pH 值。

（17）**油茶果壳培养基**　油茶果壳 73%、麸皮 25%、蔗糖 1%、碳酸钙 1%。

（18）**龙眼荔枝核培养基**　龙眼荔枝核(壳粉碎)70%、蔗渣 23%、碳酸钙 1.5%、硫酸镁 0.5%、玉米粉 5%。

（19）**甜菜废丝培养基**　在有甜菜的地区可以使用，若加上麸皮、玉米粉产量可提高。甜菜废丝 98.5%、碳酸钙 1%、石灰 0.5%。

89. 怎样用瓶栽培金针菇？

（1）**培养料配方**　木屑 77.5%、麦麸 20%、食糖 1%、石膏粉 1%、过磷酸钙 0.5%，另加水 1.4 倍。含水量以 60%～65% 为宜，pH 值为 6.5～7。

（2）**装瓶、灭菌**　培养容器可选择 500 毫升的罐头瓶。料装至瓶肩，用直径 1.5 厘米的木棒在料中心打一接种穴。穴深为料的 2/3。整理料面，用两层报纸一层薄膜封口，用橡皮筋扎紧。瓶料要松紧适度。一般 0.5 千克干料装 5 瓶。装瓶后不能过夜，要立即灭菌。如用土蒸锅灭菌温度 100℃维持 6～8 小时，待温度下降后，趁热将栽培瓶移入培养室。

（3）**接种**　料温下降到 30℃以下接种。接种室事先用高锰酸钾、甲醛熏蒸 1 小时。接种人员的双手及所用工具要用 75% 的酒精消毒，可同时开 40 瓦紫外线灯杀菌半小时。菌种瓶放在支架上，使瓶口正处在酒精灯火焰上方，以防杂菌污染。接种时将菌种瓶内表层的菌膜刮去，一人拿培养瓶，一人用接种工具取菌种，动作要迅速。每次所取菌种都要经火焰上方才送入瓶内的接种穴中，每瓶接种像枣一般大的一块菌种。接种后，迅速将瓶口包扎。

（4）**菌丝培养**　室温保持 20℃～25℃。培养后期，瓶温常比室温高 2℃～4℃,因此室温宜控制在 18℃～20℃。室内空气湿度应保持在 60%左右。在此期间,培养架上的瓶子上下里外要调换 1 次,并适当通风换气。25 天左右,菌丝长满料,要及时移到低温(10℃)和微光条件下。数天后,瓶内开始吐黄褐色水珠,相继形成子实体原基。

（5）**出菇管理** 去除瓶口包扎进行催菇。措施是:送风降温,使培养料温度降至 7℃以下,促使形成菇蕾。不具备调温和送风设备时,可将培养瓶全部移至地窖通风口,3～5 天内昼夜打开窖门,利用自然条件达到送风降温目的。空气相对湿度要提高到 85%～90%,除向空中、四壁、地面喷水外,瓶口覆盖的报纸也要经常保持湿润。当菇体超出瓶口时,在瓶口套一个 10～13 厘米上粗下细的纸筒(上打 4～5 个小洞),防止菌柄弯曲、倒伏,促进菌柄向上生长,长度一致。此时,白天打开窗门,晚上关上,促使温度回升。出菇后 7～10 天,菌盖直径为 2 厘米,菌柄长 13 厘米左右时,即可采收。

90. 怎样进行袋栽金针菇?

（1）**配方** 棉籽壳 88%、米糠(或麦麸)10%、糖 1%、石膏 1%;或棉籽壳 94.6%、糖 1%、石膏 2%、磷肥 2%、尿素 0.4%;或棉籽壳 93%、玉米粉或麦麸 5%、碳酸钙 1%、糖 1%;或棉籽壳 78%、木屑或麦麸 20%、糖 1%、石膏 1%;或废棉 96%、玉米粉 3%、糖 1%;或木屑 73%、麦麸 25%、糖 1%、石膏 1%;或甘蔗渣 73%、麦麸 25%、糖 1%、石膏 1%;或酒糟 78%、麦麸 20%、糖 1%、石膏 1%;或豆秆粉 75%、麦麸 23%、糖 1%、石膏 1%;或棉花秆粉 78%、麦麸 20%、糖 1%、石膏 1%;或甘蔗渣 75%、麦麸 23%、糖 1%、石膏 1%。

（2）**配制** 先将原料过筛,按比例称准。木屑、米糠或麦麸、石膏等物混在一起充分拌匀。糖放入水中,溶化后加入木屑、米糠混合料内,拌匀,含水量以用手抓料稍用力指缝间渗出 1～2 滴水为度。

培养料拌好后即可装袋。用 17 厘米×40 厘米的塑料袋约可装木屑培养料干料 400 克,甘蔗渣等培养料 350 克。先装入部分培养料,将袋倒置工作台上,用手把 2 只袋角小心塞入袋内,要求装角平整,袋呈正方形,再继续装料,边装边用手或圆木棒把料压紧实,表面要平整,并在料中打一接种穴。套塑料颈圈,扎牢,塞棉花塞,再套牛皮纸袋或纱布袋,即可进行灭菌。

(3)灭菌 采用高压灭菌,在 $1.68×10^5$ 帕下保持 2～5 小时;常压灭菌,需 100℃下保持 10～12 小时。灭菌时培养袋均应直立排放,袋间留出空隙。高压灭菌时要慢慢加压和减压,防止胀袋破裂。灭菌完毕当压力降到零后,把灭菌锅门打开,利用锅内余热把棉塞烘干,可防止因棉塞受潮而发生污染。

(4)接种 培养袋冷却到 30℃就可接种。接种前,培养室必须消毒,每立方米空间用甲醛 10 毫升、高锰酸钾 5 克熏蒸半小时。菌种可捏成粉状,除了接在接种穴外,培养基表面也需撒一层菌种。一瓶 750 毫升菌种可接 30～40 袋。接种后,移入培养室进行菌丝培养。

(5)培养 培养室要保持清洁干燥、空气新鲜。室内保持 20℃恒温。为加速菌丝蔓延和生长,每周必须调换栽培袋位置,发现杂菌应及时处理。经 30 天培养,就可出菇。

(6)催蕾 拔掉棉花塞,然后搔菌。即把培养料表面老菌丝扒掉,让新菌丝露出来。然后用旧报纸覆盖袋口,向上面喷水,保持湿润。过几天,培养基表面会出现琥珀色水或一层白色棉状物,这是出菇前兆。催蕾最佳温度是 12℃～13℃,湿度保持 80%～85%。在这种条件下,4～10 天就会长出菇蕾。

(7)抑制 菇蕾形成后,温度应保持在 4℃左右,用小电动机吹风 2～3 天。没有条件的,在菇蕾出现后,温度要下降到 5℃,取下袋口报纸,打开门窗,让冷风吹 2～3 天,然后进行正常出菇管理。

(8)出菇 经抑制后,再盖上报纸,保持 10℃恒温,保持 80%～85%的湿度,就可培养出优质的金针菇来。

(9)采收 金针菇供食用的是清脆、黄花菜似的菌柄,故柄又长又嫩的为优质品。采收标准为菌盖未开展,直径 0.8 厘米,菌柄长度 13～15 厘米左右,每丛 70～150 朵。采收时一手握住袋,另一手轻轻按住菇丛拔下,将基部切去。然后在料面上搔菌,按常规进行管理,出第二潮菇。采收分级后必须及时投售。要求菇农采摘后覆盖四层纱布,在 2 小时内送往收购点或加工厂。

91. 怎样进行金针菇生料床式栽培?

(1)菇房的消毒

①环境空气自然净化法 对小地沟、地沟菇房使用前去掉遮盖物,任其风刮雨淋太阳晒;对人防工事、民房等菇房可加大通风量,使菇房里的污染空气尽可能排除。

②化学消毒法 硫酸铜也可用于菇房和设施的消毒。使用浓度不能低于 2%。要均匀喷洒到菇房的各个角落。将硫酸铜、石灰和水按照 1∶1∶100 的比例配成溶液,称为波尔多液,用于菇房喷洒消毒,其杀菌作用比单用硫酸铜溶液要好。

(2)播种

①播种季节 生料栽培最适宜温度为 7℃～10℃。霜降过后,温度稳定在 15℃以下、5℃以上,空气相对湿度保持在

60%左右,是播种金针菇最佳时机。

②**培养基配制** 棉籽壳(或废棉团)96%、玉米粉3%、红糖1%;棉籽壳(或废棉团)88%、石灰1%、麸皮10%、红糖1%;棉籽壳(或废棉渣)92%、玉米粉5%、红糖1%、石膏1%、过磷酸钙1%;玉米芯粉87%、红糖1%;玉米粉10%、石灰1%、过磷酸钙1%。上述配方料水比均为1∶1.1至1∶1.3。在较高温度条件下栽培时,应在基质内加入1‰~2‰的多菌灵。

③**播种方法** 大床播种采用层播与料面重点覆盖的播种方法。菌种用量5%~10%。菌床设置一般为宽50~80厘米,长不限,并留出40厘米的人行走道。菌床厚10~15厘米,中央厚,四周薄,呈龟背形。层架栽培的层距不能少于50厘米。播种时,将模板就位,薄膜铺在模板内,先在底部撒一层菌种,而后上料至10厘米,撒上一层菌种,压实至5厘米。再上料至15厘米,高出模板5厘米,将四周扒开一道沟,播入菌种,再将料压平压实,呈龟背形。床面先用手按出种穴,穴距5厘米×5厘米,播入核桃般大小块状菌种,压平,再撒上一层菌种,菌种上面覆盖1~5厘米棉籽壳(或玉米芯),压实,覆盖薄膜。

(3)菌丝培养 播种后1周内为萌动定植期,此阶段要勤观察,发现10天后菌丝仍不萌动,就要掀动薄膜或菌袋通气几次,促进菌丝尽快萌动定植。菌丝定植进入生长期千万不要再掀动薄膜,应将薄膜盖严密。培养室每周通风1次,并保持较高二氧化碳浓度,防止早出菇。在7℃~10℃条件下,40~60天菌丝基本长透培养基,菌丝呈灰色时,即达到生理成熟,可进行催蕾处理。

(4)催蕾 催蕾的首要条件是适宜温度13℃左右,8℃以下很难催齐菇蕾,18℃以上菇蕾非常稀疏。70%以下相对湿度条件下很难催出菇蕾,环境过湿,床面积水时菇蕾也催不整齐,90%左右的相对湿度对于催蕾极为重要。适温、高湿是催蕾的两项重要条件。大床栽培当菌丝基本长透培养基时,抓紧时间,给菇房创造高湿环境和适温条件,每天揭膜通气 10 分钟使菌床很快由灰白色转变为雪白,并有棕色溢滴出现。当菌床呈雪白色有大量琥珀样饴滴出现时,在菇床栽培要将薄膜支高 10～20 厘米,给予弱光照射,并继续创造适温适湿条件,1 周后即可在菌床上和菌袋表面长满密密麻麻一层菇蕾。头潮菇不搔菌,但要拔除较大的散菇。一潮菇以后要进行搔菌,扒除老菌块和残菇。利用金针菇子实体生长过程中顶端优势的特点,将第一步出的幼菇(2～3 厘米)顶端通过通风干燥、或提高二氧化碳浓度、或剪除菌盖,使顶端萎蔫和损伤失去顶端优势,促使菇柄上潜在的侧芽分蘖再生出数量极多的菇蕾,以获得更多的子实体,达到增产的目的。这就是两步催蕾法,又称再生催蕾法。

(5)**商品菇的培养** 催蕾阶段完成后,菇床上已长满密密麻麻一层菇蕾,此时应将菇房温度调至 3℃～4℃,并降湿至75%,每天通风 3～5 次,使幼菇在低温、低湿和适当通风条件下,减少含水量,长出圆整、结实、健壮的子实体。抑制时间4～5 天。如果没有 3℃～4℃的温度条件就不必抑制,以防止早开伞。子实体长到 2～3 厘米高时进入成菇培养阶段,菇房里温、湿度和二氧化碳浓度都要调节到适宜范围,并给予顶光。理想温度是 5℃～8℃、湿度 80%～85%、二氧化碳浓度0.095%～0.152%,光照强度视培养目标确定,培养淡黄色白色菇需0～1 勒,天然金黄色需 5～10 勒。这样可以获得菌柄定向延伸整齐一致的高产金针菇。

（6）子实体的采收　外销柄长 10～15 厘米；内销柄长 25 厘米、全体金黄色的或纯白色的不开伞菇。采收后拣去残菇，盖上薄膜，待菌丝恢复生长后，即可进行二潮菇生产。第二潮菇催蕾前有条件的话，应将菌袋做浸水处理，二潮菇的催蕾不宜用两步催蕾法。

（7）生料栽培的病虫害防治

①细菌性根腐病　病原菌为肠杆菌，欧文氏杆菌属，杆状，周生鞭毛。侵染初期，在培养基表面，菇丛中浸出白色混浊的液滴。使菇柄很快腐烂，褐变成麦芽糖色，最后呈黑褐色、发粘变臭。产生根腐病的根本原因是把带菌的水直接喷到菇体上，由于菇丛很密，表面积很大，呼吸作用很强，水分不能及时散失，就产生热量，病原菌便在适温条件下大量繁殖生长，产生根腐病。防治的主要方法是：禁止将水喷到菇体上。一旦发病，要立即采收，对菌床进行喷施 1‰ 多菌灵。

②霉菌污染　霉菌是金针菇的大敌。冬季生料栽培金针菇危害最严重的属木霉和青霉。木霉有许多种，如绿色木霉、康氏木霉、多孢林霉等。易与青霉混合发生，外观颜色略不同。青霉感染色较深，呈蓝绿色；而木霉色浅，多呈绿色或铜绿色。菇床上一旦发生木霉，会很快延伸到子实体上。青霉，在自然环境中分布很广，极易感染。条件适宜经 1～2 天孢子萌发成菌丝，并很快发育成白色菌丝体。初期难以辨认，直到长出许多绿色孢子并在培养料表面看到形状不规则、大小不等的蓝绿色污染区时，才能被发现。一旦发生蔓延极快。常发生在第一潮菇以后。菌床上发生霉菌污染后，要尽快挖除带菌的培养基。加强菇床通风，出菇期间不要把水喷到菇体上，防止菇丛染上细菌病害并由于提高床温而诱发霉菌繁殖。

92. 怎样进行阳畦栽培金针菇？

金针菇也可阳畦栽培。阳畦应选向阳、背风、地势高燥平坦、排水良好的地方，东西向。畦长 4 米、宽 86 厘米、深 35 厘米。北框高于地面 30 厘米，南框高于地面 10 厘米，东西两框由北向南自然倾斜具一定坡度。畦间留 60～70 厘米为走道兼排水沟。四壁要坚实以防止塌陷，畦底整实以防渗水漏水。播种前于阳畦内灌满水，保持土壤含水量 85％以上。培养料选新鲜、经日光曝晒 3～5 天的棉籽壳。按 1∶1.5～1.6 加水拌料，堆焖 2 小时，含水量 60％左右，pH 值为 7～7.5。每平方米播棉籽壳 20 千克，菌种 2 袋。播种方法为层播，分 3 层播种，面上再撒一薄层培养料。播种完毕，整平料面，压实。先盖一层报纸，再加盖 15 厘米麦秸。阳畦南北两框横放木棍或竹竿先盖薄膜再盖草帘。菌丝体阶段温度低，要利用揭草帘透入阳光升温，早晚夜间覆盖草帘保温；随温度变化进行通风换气。子实体阶段也利用支起薄膜和草帘以调节温度、湿度、光线和通风换气。根据培养料湿度适时浇水。早春 3 月中旬和初冬 11 月下旬阳畦栽培，菌丝体分别在料温 7℃～18℃和 4℃～15℃气温及畦内空气相对湿度 70％～90％的条件下，经 35～40 天长满培养料，开始出菇。早春和初冬阳畦利用棉籽壳生料栽培金针菇，生物效率可达 30％～50％。

93. 怎样进行金针菇室外大棚出菇？

（1）场地选择及大棚设计　　选择交通方便、近水源、通风良好的空旷地。首先清理地面残余物，整平地面，开好四周排水沟。根据生产规模的需要，设计好大棚占地范围。大棚搭建要用粗、细均匀的毛竹，锯成长 5 米、宽 3～4 厘米的竹片。按南北朝向搭成宽 6 米、高 2.5 米、长 30 米左右为宜,在两侧按 40 厘米间距排放竹片,一头插入地面 30 厘米,把另一头弯曲连接固定在顶部梁上,盖上油毛毡,上面用塑料绳固定好。大棚两头开门,门高度 1.8 米,宽 1.5 米,其余部分挂草帘。为了增加大棚牢固,大棚中间每隔 2～3 米竖 1～2 根柱子,柱子钉在竹片上固定。

(2)出菇管理

①调节好温、湿、气　金针菇子实体生长在较低温环境中,管理中特别要防止棚内高温危害,利用早、晚时间打开通风口通风,有利于降温、保持棚内空气新鲜。在高温时特别要注意适当控制湿度,防止高温、高湿引起杂菌感染,同时把覆盖膜四周提高离空地面。干旱天气地面干燥,湿度偏低时可向地面喷水,确保金针菇生长有一个良好的外界环境条件,是夺取优质、高产的一个重要管理措施。配料、装袋、消毒、接种、发菌按常规进行。

②开袋　开袋时间,一是要掌握当地的气温情况。金针菇子实体生长温度为 5℃～18℃,一般以 8℃～12℃为最适生长温度;二是根据市场销售情况分批开袋出菇、分批采收上市;三是根据品种特性,耐温性高的先开袋,如当家品种 F7 先开袋,然后将 851 及 F98 开袋。

③搔菌　金针菇接种后菌袋经 30 天左右时间的培养,当菌丝长到培养袋 2/3 处时即可开袋出菇。开袋时拉直筒袋,向下对折 2 次,然后用搔菌耙把老菌皮扒净,同时把表面的菌皮轻轻划一遍,扒菌皮时不宜过重。搔菌时要做到边开袋、边搔菌、边盖膜,防止袋面风干。

④催蕾　将菌袋排放于棚内地上或架上,排放后盖膜养菌 2～3 天,养菌期早晚掀膜 2 次,菌丝恢复后进行催蕾,相应

湿度提高到85%～90%,温度5℃～12℃,经过几天管理菇蕾即可形成。此期应注意温湿度管理,菇蕾形成后早晚掀膜通风15～30分钟,同时除去薄膜上的水珠,以防水滴滴入菌袋菇蕾上引起烂蕾。

⑤幼菇期管理　在幼菇1～5厘米阶段,主要促使幼菇群体生长整齐一致。促进提高产量和品质的重要环节,是要适当采取降温,加强通风,温度掌握在8℃～12℃,相对湿度在80%～85%。早晚进行掀膜通风,幼菇前期利用早晚掀膜通风0.5～1小时,幼菇后期利用早晚掀膜通风3～4次,通风时根据实际情况用小喷头朝上喷雾,弥补因通风而减少的空气湿度。

⑥长菇期管理　待菇体生长至5厘米以上时,适当增加棚内二氧化碳浓度,诱导菇柄伸长条件,相对湿度应在90%左右,每天抖膜通风2～3次,高温时增加抖膜次数。长菇时期注意保持棚内空气新鲜,当菇体生长至折口上3厘米左右,拉上一层袋口,尔后同样管理,随着菇体生长呼吸加强适当延长通风时间。当菇体生长到袋口处,菇盖直径1.5厘米左右,内卷时就可采收上市。金针菇一般可采收3～4潮,采收后应除去残菇,停水2天左右养菌,然后按上潮菇管理方法进行催蕾、出菇管理。若失水严重,应向菌袋中补水,按每袋0.2升加入袋中,待24小时后再把余水倒掉,再盖膜养菌催蕾进行下潮菇的管理。一般生物效率可达150%左右。

94. 怎样进行金针菇地沟栽培?

(1)地沟的建造　宜建在排灌方便的空闲地,按东西向挖成宽50厘米、深40厘米、长不限的条形地沟。也可挖成1米见方、深40厘米的坑式地沟。山东临沂是在栽培平菇的大棚内栽培,挖成宽 80～90 厘米、深 25～30 厘米、长 6～10 米的地沟,沟挖成后,均先灌水预湿,待水渗湿后撒上石灰粉,铺上2 厘米厚的菜园上,以备摆放菌袋用。北方是采用大型地沟,在空闲地挖成长 15 米、宽 3.8 米、深 2 米的地沟,沟内设置 3 排床架,架高 2 米,宽 40 厘米,每隔 70 厘米砌墙固定,床架设5 层,每层距离 40 厘米,可卧放 4 层菌袋,可供两头出菇。用钢筋或竹竿搭拱形棚遮阳防雨,以利管理出菇。

(2)栽培季节   以出菇温度能保持 5℃～15℃时,再往前推 1～5 个月(发菌期)即为适宜的接种期。山东地区为 10 月中旬接种,11 月下旬至翌年 1 月为出菇期。其他地区可根据当地气温特点灵活安排。

(3)菌袋制作   培养料配方为棉籽壳 70%,杂木屑20%～22%,麸皮 8%～10%,石膏粉 1%,料水比 1:1.3。配好料后,用 16 厘米×16 厘米×0.04 厘米的聚丙烯袋装料。按常规法灭菌。采用两头接种。所用菌种为 F7 及金杂 19。

(4)培养管理   接种后将菌袋置干净通风的培养室培养,温度不低于 18℃,空气相对湿度以 60% 为宜。经 35～40 天培养,菌丝即可发满全袋。

(5)出菇管理   将发好菌并已现蕾的菌袋,解开袋口一端并拉直袋口塑膜,排入上述已挖好的地沟内,并在沟宽的两边压入黑色薄膜,再在两边插入直树枝或细竹竿扎成小拱架。中间高 50～60 厘米,然后对折两边的薄膜,交错盖成黑色拱棚,以利保温、避光和增加二氧化碳含量,促进金针菇高产优质。当菇蕾长至 3 厘米左右时,每天掀膜通风透光 1 次,每次30～60 分钟,促使菇蕾整齐粗壮和色泽纯正。待菇柄长至 5 厘米以上时,全密封培养,以提高棚内空气湿度和二氧化碳含量,迫使菌柄长高以利增加产量和优质菇。

（6）**采收** 一般封闭培养 6～8 天，菌柄长达 18～20 厘米，盖径 1.2～1.5 厘米，色泽白中透黄时即可采收。

95. 怎样进行金针菇脱膜卧地栽培？

（1）**选择原料** 选用新鲜无霉变、无虫蛀的棉籽壳为主要原料。其配方：①棉籽壳 80%、麸皮 18%、糖、石膏各 1%；②棉籽壳 80%、麸皮 16%、玉米粉 2%、糖、石膏各 1%、料水比为 1：2.2。

（2）**选用良种** 选择细密型品种杂 19，同时改三级制种为二级制种，二级种为麦粒原种直接做生产种。

（3）**菌筒制作** 将棉籽壳、麸皮、玉米粉等混合均匀，再将糖溶于水中、倒入料内，在搅拌机中充分拌匀，装入 50 厘米×12 厘米×0.045 厘米聚丙烯筒料中。首先用细绳将筒料的一头扎紧，装料至筒长 2/3 处再将另一头扎紧。常压灭菌，温度达到 100℃维持 14 小时。停火后，在灶内焖 24 小时，打开灶门，取料筒于事先准备好的薄膜帐篷内，等料温降至 30℃以下时，再用气雾消毒接种。每个料筒上打 4 个接种穴，将麦粒菌种接入穴中填满、填实，不贴胶布或透明胶，只用菌种封口即可。

（4）**菌丝培养** 接完种后，及时喷 1 次杀虫药，防止虫害，并将接种室的帐篷门封好。发菌 7 天后，每天打开帐篷门通风 30 分钟，培养 7～10 天，菌丝基本封满接种口，每天通风 1 小时，促进菌丝加速生长，经过 50 天左右的培养，菌丝可全部长满料筒。用单面刀片去掉菌筒上的薄膜，移入出菇室出菇。

（5）**出菇管理** 出菇室保持空气新鲜，弱光环境。将去膜菌筒整齐卧放地面，每畦宽 120 厘米，长度不限，走道宽 60 厘米，便于操作管理。床面用地膜盖严。管理上要避免周围透风，使代谢产生的二氧化碳浓度不断提高,抑制菌盖生长,刺激菌柄伸长,菇体整齐均匀。地面要洒水,提高空气湿度85%左右,并加强温差刺激。菇体长到5厘米高时,停止洒水,避免水分过多使菇体变色影响品质。

(6)**采收** 当菌柄长到12～14厘米,菌盖直径0.6～1厘米时及时采收。第一潮菇采收后,剔除菌筒上的菇根,地面喷足水,盖好地膜,保湿促菇,等1周左右可出第二潮菇。采完第二潮菇后增补营养液,方法是用1%葡萄糖、水或白糖水喷洒菌筒表面,有利高产。脱膜卧地栽培,也可在室外大棚或阳畦出菇。即将发好菌的菌袋脱膜后平卧于棚内地上或整好的阳畦床上,畦床上拱小长棚出菇,效果也很好。

96. 怎样进行金针菇两段出菇?

所谓两段出菇,即前段按常规开袋出菇,后段为覆土栽培出菇。生物学效率可达180%以上,比常规出菇法提高产量65%左右,而且菇质好。

(1)**栽培季节** 长江及以南地区10月至11月中下旬投料播种;黄河及以北地区9月初进行栽培。

(2)**培养料** 培养料的配制、装袋、灭菌、接种、培养等均按常规进行。

(3)**出菇管理** 接种后将菌袋置于菇房或菇棚地面或床架上发菌。当菌丝长至料内达70%时,解开袋口拉直袋膜,让其增氧出菇。出菇二潮后,将其菌袋用利刀从中截成等长的两段,出过菇的一端朝下,切面的一端朝上,分别竖立于预先在室外畦床上开好的畦沟内,沟深以放菌袋后与地面基本相平为宜。袋间可不留间隙,一袋挨一袋排立于沟内,边排袋边用细土或切截栽菌袋的碎料填好袋间缝隙,排完袋后浇1次重水,袋面覆一层 1 厘米左右厚的细土(挖沟出的细土或菜园地),上覆地膜,保温保湿养菌。如在露地出菇,为了遮阳防雨,最好搭个简易拱棚。经 10～15 天,即可现蕾出菇。为提高质量防止菇柄弯曲,最好在菌袋上罩 1 个 20 厘米高的硬纸筒。

97. 怎样进行金针菇的双向出菇?

所谓双向出菇,即将菌袋平放于地面或床架上,打开袋两端袋口,让其两头出菇,当两头菌丝吃料 6 厘米左右时,即可开袋边发菌,边出菇。这既能缩短生产周期,又可提高产量,增加经济效益。

(1)栽培季节　在自然条件下,一般以 9～10 月制作原种和栽培种;11 月投料播种,11 月至翌年 3 月出菇。有控温条件的可周年生产。

(2)制作菌袋　配方可按棉籽壳 83%、麸皮 10%、玉米粉 5%、过磷酸钙 1%、石膏 1%,水适量。按常规配制后装袋。栽培金针菇尤其是两头出菇的塑膜袋要求较长,以 45 厘米×17 厘米的高压聚丙烯袋为宜,装料长度 25 厘米,袋两端各留 10 厘米作为出菇口用,每袋装干料 600 克左右,扎好袋口,常压灭菌 8～10 小时,降温 30℃ 以下按无菌操作两头接种。

(3)培菌管理　接种后将菌袋置于室内地下或室外菇棚内码袋发菌。码袋高度 5～8 袋(高 80～100 厘米),因冬季气温低,码袋发菌可利用堆温和菌丝体生长的呼吸作用产生的热量来提高袋温,促进菌丝生长。堆间要留有一定空隙,一般为 40～50 厘米,以利空气流通和操作。码好堆后向菌袋撒一些石灰粉,以防杂菌感染,并覆膜或盖草帘保温,以利发菌。7～10 天翻堆 1 次,将上中下的菌袋互相移位,以利发菌一致。

（4）**出菇管理**　当菌袋两端料内菌丝伸长 6 厘米左右时，即可进行出菇管理。将菌袋卧式叠放于菇房或菇棚的地面或床架上，行距 70 厘米左右，高 8～10 层菌袋。如在室外菇棚内出菇，一行间留走道挖成凸形，使其两边成为小沟，以便灌水之用。将两端袋口解开，拉直塑膜，使其成一筒罩。使其菌柄在筒内直向生长。现蕾前，对菌袋两端料面进行搔菌，并向地面、空中、墙壁喷水，保持空气湿度 90%左右，每天通风 2 次，每次 30 分钟，菇房（棚）内要有一定散射光，促使菇蕾形成。当菇柄长达 20 厘米左右，菌盖有黄豆粒大小时即可采收。

98. 怎样在人防地道中栽培金针菇？

人防地道的环境条件有利于金针菇栽培。可采用瓶栽、袋栽和床栽。

（1）**温度**　人防地道的环境条件及管理内容如下：人防地道内气温变化不大，冬、夏温差仅十几度，最低为 7.5℃，最高为 21℃，一年中有 9 个月的平均温度在 10℃～20℃之间，适宜金针菇生长。尤以 11 月至翌年 5 月，地道内温度更适合金针菇的生长发育，1～2 月低温也有利出菇。

（2）**湿度**　培养料含水量 65%～70%，空气湿度应保持在 85%～90%。人防地道内培养金针菇，打开瓶口或袋口后，盖上灭过菌的报纸；每天喷水 1～2 次，并在地面上喷水 3～5 次，可保持需要的空气湿度。

（3）**二氧化碳浓度**　人防地道中通风不良，空气中二氧化碳含量高，适合金针菇子实体的发育。

（4）**微弱光照**　在人防地道中栽培金针菇，可人工控制光照，是有利条件。地道内生料床栽，以黑暗培养为主，仅短暂开灯照光，能使子实体发育整齐，菌柄粗长，色浅鲜嫩，质量高。

（5）生料袋栽代替熟料袋栽　熟料的生物学效率144.4%,生料的只有92%,但不经高温灭菌,节省了燃料和用工,降低了成本。生料袋栽比熟料栽培增加10%的接种量,可混拌接菌,袋口再加0.5厘米厚的栽培种。生料床栽时,可采用分层拌种,并在周围和床面都加0.5厘米厚的栽培种做面上接菌。培养温度宜略低于熟料栽培2℃～3℃。

99. 怎样用啤酒糟栽培金针菇?

啤酒糟是啤酒厂的下脚料。据分析,啤酒糟含水分84.1%、碳47.7%、氮6%、磷0.52%,并含有多种氨基酸。为综合利用工业废料,广开食用菌培养料来源,曾试验用啤酒糟栽培金针菇。

菌种用金针菇三明一号。培养料配方:①啤酒糟80%,棉籽壳20%;②啤酒糟40%,棉籽壳60%;③棉籽壳100%(对照)。采用瓶栽(广口罐头瓶),每瓶装干料0.5千克,料水比1:1.4。装料后按常规进行高压灭菌和接种。11月22日接种,在22℃下培养。当菌丝长满后,进行搔菌(去除种块,压平料面),然后移入温度为8℃～12℃、光照8勒的菇房中催蕾,并向地面喷水使空气湿度保持在80%～85%。子实体长到瓶口时,套20～25厘米高的塑料筒袋。

试验结果:菌丝生长速度以配方①最快,24天满瓶,日生长量0.448厘米;其次配方②,现蕾期和出菇期也是配方①最早,分别为39天和45天;三是是配方②,对照最慢,分别为41天和47天。金针菇的瓶产量,也以配方①最高,生物学效率达92.4%;其次是配方②,生物学效率66.7%;对照最差,生物学效率仅42%。

100. 怎样用豆秆粉栽培金针菇?

豆秆、豆叶、豆壳等豆类作物下脚料,经粉碎后统称豆秆粉,可用以栽培金针菇。

(1)配料 较好的配方为:①豆秆粉 50%,废棉 25%,糠5%,麦麸 10%,玉米粉 8%,石膏 1%,糖 1%;②豆秆粉40%,棉籽壳 33%,糠 9%,麦麸 10%,玉米粉 6%,石膏 1%,糖 1%;③豆秆粉 45%,酒糟 15%,木屑 15%,米粉 5%,玉米粉 8%,麦麸 10%,石膏 1%,糖 1%。先将豆秆粉、木屑及干料拌匀,然后拌入预湿过的废棉、棉籽壳或酒糟,再按规定的比例加足溶有糖的水。含水量宜偏低一点,掌握在 60% 左右,pH值为 5.5~6。

(2)装袋、灭菌、接种 料拌好后,装袋,从拌料到装袋结束不得超过 6 小时,采用聚丙烯塑料袋,规格 40 厘米×17 厘米×0.06 厘米。料装至袋高的 1/2~3/5,袋口扎紧后灭菌。常压灭菌 100℃维持 12~14 小时,再焖置一段时间取出。袋温降到 30℃以下时即可接种。接种量应比瓶栽大 1 倍。

(3)菌丝体培养 要在 22℃~24℃培养室内培养,空间湿度控制在 60% 左右,避光,适当通风。培养 25~30 天在培养料面上出现棉絮状菌丝或红黄色水珠,这是出菇的前兆,应及时进行子实体培养。

(4)子实体培养 温度:以 8℃~10℃为宜。空间湿度要求达 85%~90%,可在覆盖纸上喷水及向地面洒水,但喷水量不能太大,且要酌情喷施。在第一潮菇形成以前,如料面水滴出现很多,可把纸拿掉,让子实体长到 2 厘米时再盖上,通过适当吹风,使出菇整齐、粗壮、色洁白。应注意避光培养,可在完全黑暗的菇房装电灯控制光照。菇房应保持空气新鲜。

（5）采收　菇盖平展，直径 2～3 厘米，菇柄长 13～15 厘米时采收。采收后搔菌，清除残留物，如料面已干，则需要喷水，方法是将冷开水直接喷到料面上，按常规管理，可采收3～6 潮菇。

101. 怎样进行金针菇简易规模优化生产？

（1）建菇房　利用自然气候进行栽培，以建半地下式菇房为宜。房址选在向阳处，宽 2.5～4 米、长 8～12 米，南、北墙高分别为 2 米、3 米，地下部分深度可根据当地地下水位高低决定，水位高的可浅，水位低的可深。两端各留一个 0.5 米×0.5 米的通气窗，北墙每隔 2 米留一从墙顶通往墙根的 0.15 米×0.15 米的通气孔。床架视菇房宽窄可纵排或横排，间距 0.55 米，人行道宽 0.5～0.6 米。房顶用竹竿搭一面坡或"人"字形支架，上覆一层黑色薄膜，备用草帘夜盖昼揭。当夜间气温降到 -10℃ 时，在黑色薄膜上再加盖一层白色塑料膜。

（2）培养料的准备、处理　金针菇优化生产的培养料，配方有：①麦麸 20%，高粱壳 20%，玉米芯粉 30%，石膏 1%，复合肥 1%，玉米粉 5%，麸皮 8%，棉籽壳 15%；②棉籽壳 30%，麦麸 20%，麦草粉 15%，玉米芯粉 22%，玉米粉 10%，复合肥 1%，糖 1%，石膏 1%；③玉米芯粉 35%，麦草粉 20%，花生壳 15%，棉秆粉 15%，玉米粉 5%，麸皮 7%，复合肥 1%，糖 1%，石膏 1%。料拌好后，堆放两小时，含水量掌握在手握料中度用力，指缝微见水痕而不滴为宜。袋栽时，料袋规格为 15～19 厘米×35 厘米，装料 20 厘米，袋口扎好后竖放在消毒室内的床架上消毒。

消毒室装料前预热到 30℃，装料后加至 60℃ 左右，可持续 30～36 小时。消毒后，打开门窗通风降温，降至 28℃ 时，再用 1∶3 的来苏儿或福尔马林液喷雾消毒。消毒后,即可采取开放式接种,并可移入菇房栽培。

(3)选择最佳时机,培育优质菇 可从 10 月下旬到 11 月开始,40 天左右发好菌,12 月上中旬出菇。料袋移入菇房后,温度应保持在 15℃～25℃,中间可开袋口通风 1 次。现蕾后,打开袋口,以后随子实体生长逐渐把袋口卷起。此时,菇房内空气湿度应控制在 80% 左右。当金针菇长至 11～14 厘米时,即可采收。

(4)需注意的几个问题 ①培养料要粗细适中,以粗细各半为最好,颗粒一般不要大于 3 毫米×3 毫米;②培养料消毒时,袋不要放得过挤,消毒室温度不要上下浮动太大;③接种时,袋口表面菌种要分布均匀,料面要平整,菌丝培养期温度不要超过 25℃;④菇房顶棚薄膜易产生滴水,最上层子实体要盖一层牛皮纸,下边可盖一层报纸。此外,通道上方的黑色薄膜每隔 2 米,需留 20 厘米×20 厘米的天窗,粘上白色薄膜,以透进部分光线。

102. 我国金针菇工厂化生产的新技术有什么进展?

(1)微波灭菌 装料的瓶或袋在微波炉内 1 分钟灭菌,送入自动接种箱接种,流水线生产,效率可提高 10 倍以上,成功率达 99.5%。微波杀菌系统与其他自动化设备配合,大体上可以分以下几种形式:①谐振腔形式:目前常用的,适于日产量为 500～1 000 千克的生产规模;②波导式:适用于日产 10 000～20 000 千克的生产规模;③同轴腔式:适用于日产 5 000～10 000 千克的生产规模。

(2)接种流水线 已设计出一套 12 工位自动转位、全封闭连续接种系统,比常规接种工效提高 10 多倍,几乎很少发现杂菌。

（3）**微电子温、湿度自动控制** 采用微电子温、湿度自动控制及自动记录系统,保证了温湿度管理质量。在催蕾室内安装脉冲光源,在子实体栽培室内安装空气净化装置,都为金针菇稳产高产摸索出了新的一套栽培技术。

（4）**脉冲调制超短波激发、紫蓝色刺激,诱发菇蕾** 诱发菇蕾,用脉冲式紫蓝光效果最好,尤以超短波激发高硼玻璃日光灯产生的紫蓝光效果最好,对增产及提高产品质量有明显作用。试验还表明,采用 10 秒间歇的超短波激发高硼玻璃萤光灯,用产生的脉冲紫蓝光源进行光刺激,对诱发菇蕾效果最好。这种光对菌丝徒长有强烈抑制作用,有利菇蕾形成。因为子实体发育阶段,只需微弱散射光,所以不必每个培养室都装一套,只要做成移动式的光源,刺激 3 天后即可移去。或分批轮流使用。这套装置价格也很便宜,一套 40 瓦光源价格不超过 80 元,但增产获得的经济效益却十分可观。

103. 怎样进行金针菇的机械化生产?

目前日本和我国台湾省的金针菇栽培,已做到机械化冷冻栽培,进行工厂化周年栽培。工厂化生产金针菇,其工艺流程是:拌料(锯屑、米糠)→加水→装瓶→加盖→灭菌→放冷→接种→菌丝培养室培养发菌→去盖→搔菌→催蕾→抑制处理(要放冷抑制处理 3～5 天)→子实体生长(套纸筒)→收获。

（1）**三个室的建造**

①**菌丝培养室** 应具备下列条件:外界气温影响很小;保温好,温差小(故宜建成细长形);室内易清扫、消毒;易通风换气;规模适当。吸气孔可设在两侧墙壁的下方,长 12 厘米、宽

15 厘米,每 1 米设 1 个。排气孔设在两侧墙壁的上方,30 厘米见方,每 2 米设 1 个。吸气孔和排气孔均应有调节开关。室内上方中央,设 1 个备用排气孔。地板宜用水泥或木板,但木板要铺上薄膜。地上要建一个灶,亦可架地热线,进行加温。

②催蕾室 菌丝长满搔菌后,要立即除去塞和封纸,尽快搬入催蕾室。催蕾室大小、吸、排气孔,或备用天窗等都和菌丝培养室相同,差异在于温度、湿度和光线控制不同。

③出菇室 菇蕾长出后,移进出菇室。出菇室大体和菌丝培养室相同,不同之处在于:床架架层间隔宜在 36 厘米以上,最好 46～49 厘米,以利通气,湿度可保持 95% 以上。因此,吸气孔和排气孔要比菌丝培养室做得大(大 5 厘米)或增加数目。出菇室宜南北向呈长条形,周围不能建有酿酒厂或有畜禽舍和堆肥。

(2)操作过程

①混合锯木屑、米糠和水 最好用已堆积 2～3 年的陈木屑,米糠尽量用新鲜的。锯屑和米糠的容量比,通常是 5:1(日本是 3:1)。混合后拌匀,加水量掌握用手紧握料水稍从指缝间渗出为好,含水量约 65%,pH 值自然。

②装瓶 500 毫升的瓶装料 220～230 克,下部料装松些,上部料压紧,表面应平整。最后用木棒戳 1 个直通瓶底的洞穴,便于接种。装瓶结束后,塞棉塞和盖封纸。

③灭菌 高压灭菌,在 1.47×10^5 帕压力下灭菌 30～50 分钟。常压灭菌,要在 100℃ 下保持 4 小时。瓶内温度下降到 20℃ 时接种。

④接种 冷却后接入菌种一块,一瓶菌种接栽培瓶 50～60 瓶。

⑤培养 接种后搬入菌丝培养室培养、发菌。培养温度控

制在 20℃～23℃,湿度 65%,氧气充足,黑暗。在此期间要将瓶子上下、左右互换位置 2 次。22～23 天可发满菌。

⑥搔菌　菌丝发至全瓶发白色时,进行搔菌。

⑦催蕾　搔菌后进催蕾室催蕾,温度控制在 12℃～13℃,湿度 80%～85%。瓶口上盖报纸,报纸保持湿润,经 10 天左右,开始出菇。催蕾室不能有任何光线透入。

⑧抑制处理　供每秒 4～6 米的风速的风,温度控制在 4℃～6℃。

⑨子实体生长　经 3～5 天抑制处理即可长菇。当菇柄超过瓶口 2 厘米时,用厚纸或玻璃纸卷成筒套在瓶口上。出菇室温度保持 7℃～8℃,相对湿度保持 95% 以上,并适当通气。

⑩收获　菇柄长到 13～14 厘米时,可去掉套纸,拔出金针菇。

104. 白色金针菇优质高产栽培的关键是什么?

(1)制袋技术关键

①选用优良菌种　选用的白色金针菇菌株为 8CA,其优良的性状表现为:出菇旺,分枝强,菇体优,生物学效率不低于 100%;菌种在发透菌 7～10 天后,手掂起不沉甸甸,水分、养分充足,不因菇蕾出现,而失水和衰老;菌种在发菌吃料阶段无污染。

②避免料袋灭菌后空气交换　袋装的料如果松,料面空间大,灭菌后搬运过程中产生袋内外空气交换而污染杂菌。因此,装料时应尽可能捣紧。扎口线要紧贴料面,可先采用褶叠扎口,待接种后再扎成喇叭口,若采用套颈圈加棉塞封口,颈圈也必须紧挨料面。

③讲究用种方法　原种培养一般需 35～45 天,其上层菌

种的菌龄过长,失水干缩,用于繁种生命力下降,发菌缓慢,抗污能力弱。因此,袋装菌种应用烧红的刀片划掉袋底,瓶装菌种则应敲去瓶底,从下部开始启用菌种,对表面2～3厘米一层的菌种舍弃不用。

④严格无菌操作　接种时应严格按无菌操作在接种箱(室)内进行,动作应迅速,每隔45～60分钟必须重新消毒1次,以免杂菌感染。

⑤改善培养环境　菌种和栽培袋的培养处,必须保持通风、干燥,以减少杂菌基数,避免培养期间污染。

(2)配料技术关键

①抓好主料的前发酵　白色金针菇对木纤维分解能力弱,选用粗木屑、碎玉米芯、棉籽壳等做主料时,应进行前发酵处理。具体做法是适于金针菇生长的新鲜阔叶树的木屑在夏季需堆积3个月,期间约15天要翻堆1次。脱粒后的玉米芯应先晒干,经粉碎后泼水堆积5～7天,隔2～3天翻拌1次。棉籽壳预湿后堆积1夜或1整天即可。经前发酵的栽培料变得较柔软、疏松,可提高持水能力,利于菌种萌发、吃料,菌丝生长浓白、粗壮。发酵料用于制作熟料栽培袋,其辅料(如玉米面、麸皮、豆饼粉)不参加发酵,在装料前拌入后随即装袋灭菌。

②抓好高肥、高氮的栽培料配制　白色金针菇是喜富养、喜高氮的菌类,在100千克干主料中,需添加新鲜麸皮25千克、玉米面8～10千克、豆饼粉1～3千克,以加富碳、氮营养。金针菇是天然维生素E缺陷型菌类,玉米面不仅是天然维生素E含量较高的基质,还含有较多生长素。因此,栽培白色金针菇的培养料多添加些玉米面,出菇时长势旺,密度大,分枝多、产量高。另外,磷酸根离子和镁离子是白色金针菇菌丝生

长和出菇的重要元素,在培养料中添加硫酸镁和磷酸二氢钾各 0.6 千克,不仅能促进菌丝生长,而且有利于营养的积累,使金针菇出菇快,产量高。

③提高栽培料用水量　金针菇是喜湿性菌类,白色种对湿度要求更高,其表现二潮菇时尤为明显。鉴于金针菇自出菇到采收都不宜向菇体上喷雾,而金针菇适宜在水分充足的培养料上生长并加快营养吸收。因此,拌料时与其他菇种相比需相对加大用水量。由于培养料用水量大,使金针菇在二潮时仍达到适宜出菇的含水量,以确保后劲足,产量高。配料时最佳用水量,可用手紧捏料测试,以指间能滴出 4～5 滴水为宜。当菌袋菌丝发至半袋时,即可开袋催菇。

④提高栽培袋培养料容量　装袋时捣紧培养料,不仅可以排除料内空气减少污染几率,而且可多聚积培养料养分,增加单位体积内菌丝体数量,提高生物效率。装袋时应注意:玉米芯粉碎至玉米粒或蚕豆粒大小,填充 1/3 的粉料(如木屑等)。圆盘锯、带子锯下的木屑料太细,不宜单独使用。用棉籽壳做主料时,需添加 10%～20% 的陈木屑,一则可改变料物理性状,二则在蒸汽灭菌时可吸附培养料中释放出的有毒气体,在发菌至半袋或全袋之后,料面 3～4 厘米处的松紧度和含水量直接影响到出菇迟早、菇蕾稀密、分枝多少、产量高低。因此,在装袋时必须压得平、实。装袋完毕,将料袋排立于地面并拉开袋口,再用喷壶来回喷 1 遍水(不必担心水分过多、多余的水会自行渗漏)。若料的上层疏松、干燥,则接下的菌种块发菌后吃料缓慢,而且后期会因表层隔墒而迟迟不出菇。

(3)优质技术关键　优质白色金针菇的主要指标是:菇体白色,菌盖半圆球形,直径 1 厘米左右。柄长到 15～16 厘米时柄下部仍无大量气生菌丝。其技术关键如下:

①低温出菇　8CA菌株出菇温度4℃～25℃,但只有在15℃以下才能育出级内菇。优质菇培养时期,播期应安排在9月中旬至10月中旬气温降至15℃时,无论发菌半袋或全袋都可开袋催菇。

②轻搔菌慢催菇　要做到1次性出菇、均匀出菇、菇齐菇密,必须搔菌,因为在通气差、温度过大的袋内,白色金针菇气生菌丝旺盛。这种菌丝不仅不具分化能力,而且阻碍基质内菌丝的分化。搔菌时间应掌握两点:气温降到15℃以上(外因);发菌深度离料面5厘米以上,培养时间7～10天,此时表层菌丝已积累了丰富营养。搔菌方法是轻轻刮去气生菌丝,但不可触动栽培料;刮掉接下的菌种块,尤其是谷粒种。搔后立即码垛,地面洒足水、披上地膜保湿催菇。白色金针菇出菇速度缓慢,且对空气温度条件反应敏感,所以操作时既要防止通气过猛使料面失水干燥,又要防止通气差而空气温度大使气生菌丝疯长。掌握地面多洒水,提高空气湿度,抑制料面水分蒸发。拉开披膜,半披半掀,24小时保持空气新鲜,但要防止风直接吹料面;弱光(以不能看报为准)环境是金针菇催菇的重要条件,强散光会抑制子实体分化。白色金针菇在催菇前7～10天就应进入弱光环境,保持7～15天菇蕾即大量发生,否则将推迟出菇,出菇后,还要继续弱光管理,直到长高至5厘米左右时,进行锻炼壮菇。

③锻炼壮菇　锻炼壮菇是培育级内菇的关键。掌握方法和标准是,菇体长到5厘米高时地面停止洒水、降低空气湿度,掀去披膜,增加室内亮度,使菌盖、菌柄、柄基部及料面水分缓缓蒸发,保持2～3天,以手触摸不到水分为准。锻炼后的驯化拉长阶段,料面不再继续出菇,基础也不再分枝,无效菇减少,柄下部也不易出现气生菌丝。此阶段由于掀去了披膜,

加强了通气,光线明亮,子实体生长优势便转向了柄粗、盖厚、菇体健壮,为强化拉长做好了物质准备。

④驯化级内菇　锻炼结束后,地面停止洒水,保持弱光环境,压紧披膜四周,使代谢产生的二氧化碳不断增加,抑制菌盖生长,刺激菌柄伸长,保持 10～15 天,菇体长到 15～16 厘米长时即可采收。

105. 怎样进行低温库周年栽培金针菇?

(1)低温库及附属设备的建造

①库体　库体建造可利用现有民房改造,也可新建,通常使用面积 25 平方米左右,内贴聚苯乙烯泡沫板,或双墙中间平夹保温材料,如膨胀珍珠岩、稻壳等,库高 3 米为宜。南北两面墙分别在上下左右四角装上排气扇,在使用制冷机时,排气扇两侧需用隔热板密封。

②制冷机　设备选型以经济、实用,便于维修保养为主,要求在 -5℃ 至室温之间可任意调温、快速降温、自动控温,精度 ±1℃,库内温差小于 2℃。面积为 25 平方米的库房,可使用每小时制冷量为 16 736 千焦的傻瓜型制冷设备,金针菇在高温季节也能正常出菇。

③菇架　菇架床面 100 厘米×180 厘米,高 250 厘米,分 6 层,层距 45 厘米,最低层离地面 10 厘米。25 平方米的库房可放置 8 个菇架,一共可摆放 18 厘米×33 厘米栽培袋 7 000 袋,1 次可投料 3 000 千克。

④空气净化器　库房在密封的环境下制冷或加热时,需使用空气净化装置。

(2)栽培时间的确定　一般应避免在天气炎热时出菇,一年栽培 3 次。第一次 3 月初接种,发菌时加温,出菇时降温,五一节前后采菇。第二次 8 月初接种,需降温发菌、降温出菇,国庆节前后采菇。第三次 11 月底接种,正常栽培,春节之前采收。

(3)**菌株的选择** 高温季节栽培金针菇,需选杂交 19 菌株,特别适宜春节前采菇上市。

(4)**栽培料的选择与配方** 通常采用的配方是:棉籽壳 50%,木屑 20%,玉米粉 10%,麸皮 10%,棉粕 10%。上述配方发菌快、菇质好、产量高。

(5)**装袋、灭菌和接种** 高温季节栽培金针菇,栽培料装袋时速度要快,从加水拌料到灭菌应短于 8 小时,以防细菌大量繁殖,改变料的 pH 值,常压灭菌时,袋中温度达 100℃后,继续加热 6 小时,再焖 1 夜即可。

(6)**发菌**

①**前期** 将金针菇栽培袋横卧排放,防止水滴通过袋口污染栽培料。控制室温 20℃左右,料温 24℃以下,每天凌晨通风换气 1~2 小时,如夜温高不能通风,需开启空气净化器。发菌前期的技术关键是创造适宜温度,促进金针菇丝快速生长,减少杂菌污染的机会。一般经过 10 天左右,菌丝封面并吃料 1 厘米以上。

②**中期** 经过前期的发菌,这时需要解开袋口扎线(但不要拉动袋口),增加气体交换,保证菌丝有充足的氧气。解袋后,菌丝生长迅速,生物热增加,室内废气也增加。白天制冷,使室内温度降到 20℃左右,并开启净化器。夜晚室外温度下降后,整夜通风换气,减少制冷耗能。发菌中期,菌丝每天吃料 0.7 厘米以上。

③**后期** 当菌丝吃料 8~9 厘米时,发菌速度减慢,这时如开袋催蕾,头潮菇产量低。特别是在高温期,发菌产热,影响

培育优质金针菇,一定要发足菌丝后再出菇。发菌后期,将菌袋站立排放,稍微拉动袋口,增加菌料与空气的接触。一般接种后经过30天可完成发菌过程。

(7)出菇管理

①**开袋催蕾** 开袋时,将袋口撑开,反卷,使袋口高于料面不超过5厘米。用喷雾器向料面喷少量水雾,每个床面用地膜覆盖袋口,在地面喷水增湿,保证室内空气相对湿度在85%～92%。室内温度控制在15℃左右,每天揭开地膜通风2小时。白天降温时,净化器需开启,夜间气温降至15℃以下时排风换气。一般经过1周后,料面即现密密麻麻的菇蕾。

②**出菇管理** 现蕾后,揭开地膜,净化器需经常开启,保证室内空气流动,室温控制在5℃～7℃,以减慢金针菇的生长,促进菇柄质地坚实,培养整齐健壮的子实体。经过1周左右,菇蕾长成像火柴棒的子实体。这时拉直袋口,地膜重新盖上。生长期的室内温度控制在7℃～15℃。降温时净化器要经常开启,如外界气温适宜,可经常通风换气。每天揭膜通风2次,每次1小时。

(8)采收 培育30天左右,子实体可采收。如室温在15℃时,仅需15天左右子实体就可采收。头潮菇结束后,将料面萎缩菇体和老菌皮扒去并在料面打5个直径0.4厘米的孔,每袋加入0.1%尿素的0.05%磷酸二氢钾的营养水150毫升,1天后倒尽未吸收的水分,进行出菇管理。方法同上。

106. 怎样进行金针菇周年高产优质栽培?

(1)选用优良菌株 适用周年生产的金针菇优良菌株有:浅白色至白色的F70-1,F60;洁白色T1;白针菇2 000;浅黄色F531等。

（2）改善环境条件

①发菌室　墙壁四周喷 10 厘米厚保丽龙（泡沫塑料）或安装 15 厘米厚泡沫塑料板。每 100 立方米安装 5 匹空调机 1 台（5 000 元/台），50 瓦电风扇 1 台，无须窗门，在离地面 30 厘米处每间培养室（30 平方米）开 2 个直径 20 厘米排气洞。

②出菇房　墙壁四周喷 15 厘米厚保丽龙，每 120 立方米安装 7 匹空调机 1 台，控温器 1 台，2 小时内能将室温调至 2℃。50 瓦电风扇 2 台，安装在滑轮上，控制器使电风扇上下缓慢移动。振动增湿器 1 台、40 瓦日光灯 1 盏。

（3）培养基的配制　杉木锯屑必须堆积 2 年以上，当年锯木屑与 3 年以上的木屑不能用，落叶树锯木屑堆积 1 年左右即可。配方：①木屑 67%，米糠 30%，玉米粉 3%。②棉籽壳 75%，麦麸 20%，玉米粉 5%。③玉米芯 70%，米糠 30%。以上配方无需加糖、石膏。瓶栽培养基含水量 65%，袋栽培养基含水量 70%。

（4）装料　瓶栽用 800 毫升塑料瓶，瓶口直径 7 厘米，每瓶装料 460 克左右。培养料必须装到瓶颈 2 厘米处以备搔菌 0.5 厘米老菌块后培养料到瓶颈肩交界处，这样子实体生长快而齐。装料后，从瓶口至瓶底打 1 个孔，加瓶盖即可灭菌。袋栽采用 17 厘米×35 厘米聚丙烯袋，每袋装干料 300～350 克;15 厘米×33 厘米的聚乙烯塑料袋，各袋装干料 250～350 克。装完后在袋中央打孔至袋底 1 厘米处。袋口用塑料套环和无棉封盖封闭。

（5）灭菌、接种、培养　培养料装瓶、袋后，用高压灭菌 120℃维持 150～180 分钟，或常压灭菌 100℃维持 12 小时，灭菌后将培养基移到严格消毒的接种室，降温到 20℃时开始接种。接种后的瓶或袋移入培养室培养，室温控制在 18℃～

20℃,湿度60%～65%,在3.3平方米的菇房垒设1 300瓶,一般18～20天菌丝长满瓶,袋式的25天左右长满袋。

（6）催蕾 菌丝长好后立即进行搔菌,把袋面或瓶口部位的老菌块扒掉,挖掉0.3厘米老料,料面整平。搔菌后移入催蕾室,温度控制13℃～14℃,湿度保持在85%～90%,室内要求黑暗,打开增湿器后启动电风扇,每天2次,每次30分钟左右,保证催蕾室空气新鲜。培养基进房后3天开始现蕾,8天内催蕾成功。

（7）抑制 即抑蕾。催蕾成功后,为了培养出整齐、圆正、成束的优质菇,可进行抑制。抑制室温度应控制在3℃～5℃,空气湿度80%～85%。打开移动式电风扇通风,保证室内空气新鲜,每3小时开机15分钟。5～7天可看到菌柄、菌盖,菇蕾长至瓶口或2厘米高时,可进行套筒出菇管理。

（8）套筒或拉袋出菇 整个瓶口或袋口布满整齐菇蕾时（约2厘米高）套上塑料筒,袋栽的可拉直塑料袋,控制温度在6℃～8℃,空气湿度78%～80%。根据子实体生长情况打开移动式电风扇,使菌柄质地坚实,菌盖和菌柄色白且干燥。注意吹风时间不宜太久,以防氧气太足,而造成菌盖变大,温度也不宜太高或变化太大,否则子实体会变软,质量变差。

（9）采收 当金针菇菌柄长至15厘米以上时即可采收。出菇期间温度变化范围不宜太大,菇房二氧化碳浓度0.1%～0.15%。出菇房的空气湿度由催蕾时85%～95%慢慢降至75%～78%。

107. 夏季怎样在高海拔冷凉地区栽培金针菇?

选择在远离市场相对冷凉的高海拔地区栽培,如青海省门源县（海拔2 960米,日均温度7℃）、甘肃省民乐县（海拔

2 580 米,日均温度 16℃)、肃南县(2 760 米,日均温度 15℃)避开高温,顺应自然温度种植金针菇,经济效益十分显著。

(1)栽培季节选择 为了满足 7～9 月市场供应,可选择在高海拔冷凉地区充分利用当地优越的自然条件进行栽培。在青海省门源县和甘肃省民乐县栽培金针菇应在 4 月份备料,4 月 20 日开始制菌袋,5 月 10 日至 7 月 1 日养菌管理,7～9 月出菇管理。

(2)培养料配方 ①棉籽壳 45%,玉米芯 45%,麸皮 8%,石灰 1%,石膏 1%,料水比 1:1.35,含水量 65%,pH 值 7.5～8。②棉籽壳 90%,麸皮 8%,石灰 1%,石膏 1%,料水比 1:1.35,含水量 65%,pH 值 7.5～8。

(3)装袋与灭菌 栽培袋选用 17 厘米×33 厘米×0.04 厘米聚丙烯塑料袋,装干料 0.3 千克,折合湿料 0.7 千克。装料高度 16 厘米,料面整平压紧,加套环,用无棉封盖封口灭菌。采用常压蒸汽灭菌,当料内温度达到 100℃时,计时 8 小时并保证温度在 8 小时内始终恒定在 100℃以上,否则会因灭菌不彻底造成污染。

(4)接种与养菌 灭菌后的栽培袋温度降至 25℃时趁热接种,接种可在简易密闭的接种室 10～12 平方米中进行。可采用简易无菌操作接种技术,即在 25 厘米高的水桶底部放一个 1 千瓦电炉,桶口罩铁丝网,在距桶口正上方 15～20 厘米的范围内接种,因电热丝产生的高温上升气流形成一个 490 平方厘米左右的无菌区。由于无菌区大而稳定,所以接种效果很好。接种量每袋 20 千克,一般 1 袋原种接 35 袋栽培种。再把接种后的栽培袋置于养菌室内发菌。发菌室内温度控制在 20℃～25℃,空气相对湿度保持在 70%左右,每天定时通风 1 次,保持空气新鲜,遮光保持室内接近昏暗,勤观察及时发现并淘汰污染菌袋,并把菌丝生长速度控制在每天 0.4～0.5 厘米,经 25～30 天菌丝长满全袋。

(5)出菇管理 当菌丝长满全袋后移入出菇房,将菌袋平摆于地面揭去无棉封盖,去掉套环,伸开袋口,用小竹耙在菌丝表面搔菌,通过放风、遮阳等措施将温度控制在 10℃～15℃,促进子实体分化,原基形成后不宜通风,以免降低湿度不利于原基的生长,原基形成 2～3 天后,努力使二氧化碳浓度由正常的 0.03% 升高到 2%～3%,如果出菇房空间很大,二氧化碳浓度在 2～3 天内不能上升到 2%～3%,则在菇房内投置农用干冰或用硫酸和碳酸钙反应释放二氧化碳。较高浓度的二氧化碳浓度会使金针菇的菌柄生长加快,纤维化程度降低,菌盖生长受到抑制变小,以提高金针菇的商品价值和食用价值。当子实体生长至 12～17 厘米时,菌盖仍为钟形,尚未开伞时采收。

108. 栽培金针菇易发生哪些杂菌？如何防治？

(1)菌丝生长阶段易发生的杂菌

①青霉 青霉是最易发生的丝状菌。发育适温 30℃～35℃,但在 20℃左右也长得很好。青霉开始蔓延时和金针菇菌丝相似,随着逐渐成熟长出青色孢子。

②曲霉 曲霉开始繁殖时是白色菌丝,成熟后着生黄绿色孢子,发育适温是 30℃左右。栽培室在堆肥附近,或曾放过菌种,或附近有制曲厂都易生长曲霉。一旦发生曲霉,会使菌种污染而全部覆灭。

③大毛霉 和曲霉相似,繁殖力强。在培养基内部蔓延,生成白色或灰黑色蜘蛛丝样的菌丝,产生黑色孢子。发育适温35℃左右。

④毛霉 和大毛霉一样,繁殖力旺盛。在高温下发育。

(2)生于菇体上的杂菌

①青霉 侵入金针菇的青霉,是搔菌后侵入的。如发生青霉应立即拿出栽培室,把纸筒烧掉。进行室内消毒。消毒液是2%的硫酸铜液,或稀释500倍的升汞液。

②根腐病 温度高时易发生。繁殖之初在培养料表面渗出白色混浊水滴,有时会积满瓶口。主要原因是培养料水分过多。发生根腐病后,该瓶应立刻拿出室外烧掉。手如接触根腐病菌,必须消毒。

③黑斑病 在菇盖上产生黑褐色斑点。多数不影响产量,但因菌盖变黑而使价格下降。用冷水直接喷在菌盖上易生这种病。

(3)预防发生杂菌的措施 培养料中加入石灰,不仅可防止杂菌发生,也可促进菇的发育。石灰以消石灰为好,加入量为培养料量的2%。加入方法,可先和米糠混合,或加至水中后混合。

(4)细菌性褐斑病 细菌性褐斑病是金针菇的主要病害之一,对生产影响较大。子实体染病后,轻者产生斑点,不宜罐装,重者整丛变黑腐烂,失去食用价值。

防治措施是选用抗病的金针菇品种;合理调控菇房温湿度,出菇期间菇房温度应控制在15℃以下;合理安排栽培季节,南方要使子实体发生期在3月底以前结束,以避开春季高温、高湿的影响;及时防治害虫,特别是刺吸式口器的昆虫;发病初期可用漂白粉或漂粉精对水喷雾,使用浓度是溶液内含有效氯1%~1.5%。

(5)金针菇的虫害防治

①菇蝇 在气温较高时,发生严重。菇蝇的成虫似蝇,幼

虫似蝇蛆,蝇蛆比成虫长,全体白色和米黄色,头部黑色。为害的主要是菇蝇的幼虫蝇蛆,穿成无数小孔。子实体受害后,丧失商品价值。防治方法:主要应注意栽培场地的清洁,菇房的门窗要加纱网,防止外来的菇蝇钻入。菇蝇发生后,在发菌期间,可用杀虫剂驱杀成虫。常用的杀虫剂有敌敌畏、溴氰菊酯、鱼藤精、乐果等。使用杀虫剂时,千万注意其使用浓度和使用时间。如:100 立方米的菇房,用 500 克敌敌畏熏蒸;用 0.05% 的溴氰菊酯、0.1% 的鱼藤精、0.2% 的乐果喷洒。但若有菇蕾出现时,就应立刻停止使用杀虫剂。

②**尖眼蕈蚊** 尖眼蕈蚊是菇蚊中的一种,多见于气温较高的初夏和秋季,发生迅速,为害严重。成虫黑色,长约 2 毫米,具有细长直触角。幼虫白色,近乎透明,是没有脚的蛆,头黑色发亮。防治方法:栽培场地应注意环境卫生,防止蕈蚊的孳生。菇房内发现成虫应及时消灭,可喷洒 5 000 倍敌敌畏药液或在菇房内悬挂敌敌畏棉球熏蒸;出菇时发生蕈蚊,可喷洒 1:800~1 000 倍除虫菊酯等无残毒的杀虫药剂。

③**螨类** 俗称菌虱。主要有粉螨和蒲螨两种。蒲螨体小,肉眼不易看见,多在料面上集中成团,呈咖啡色。粉螨体较大,白色发亮,表面有很多刚毛,多时集中呈粉状。繁殖很快,主要蛀食菌丝和菇体。幼菇被害后,失去商品价值。防治方法:菌种培养室和菇房应远离仓库、饲料间、鸡舍等地方;平时注意检查,发现螨类,可用 0.5% 敌敌畏喷雾或用敌敌畏熏蒸,亦可用新鲜熟猪骨头和黑色糖醋纸片放入菇房进行诱杀。

四、猴头菌

109. 猴头菌有哪些营养成分和药用价值？

（1）**营养成分**　猴头肉质柔软，鲜嫩味美，口感极佳。其营养成分丰富，含有丰富的蛋白质、碳水化合物、矿物质和维生素。据北京市食品研究所测定，每 100 克干猴头中含有 26.3 克蛋白质、4.2 克脂肪、44.9 克碳水化合物、6.4 克粗纤维、3.68 克灰分；含有各类矿物质为：钙 2 毫克、磷 856 毫克、铁 18 毫克；含有多种维生素：胡萝卜素 0.01 毫克、硫胺素 0.69 毫克、核黄素 1.86 毫克、尼克酸 16.2 毫克；所含热量为 323 焦耳。根据测定可以看出猴头含有的脂肪、磷、硫胺素等，与目前人工栽培的各类食用菌品种相比，均居首位。猴头子实体含有的氨基酸种类齐全，含量丰富。测定含有 16 种氨基酸。其中有 8 种为人体必需的氨基酸，即异亮氨酸、亮氨酸、赖氨酸、苯丙氨酸、苏氨酸、缬氨酸、色氨酸、酪氨酸。猴头特有的鲜味是其蛋白质中含有的呈鲜味的谷氨酸的缘故，且含量丰富。猴头灰分中含有丰富的矿物质，其中钾的含量最为丰富，其氧化物（K_2O）约占灰分的 50% 以上，磷的氧化物（P_2O_5）含量仅次于钾，铁（Fe_2O_3）、钙（CaO）、钠（Na_2O）等元素的氧化物也是灰分中主要的物质。猴头子实体中的灰分仅占干物质的 5% 左右，但其作用很重要，主要对菌丝体细胞的渗透压起调节作用，并能激活胞内酶。

（2）**药用价值**　医学研究和临床试验，进一步验证其猴头确为一种治疗消化道疾病的良药,具有治疗十二指肠溃汤、胃窦炎、慢性胃炎、胃痛、胃闷胀等多种疾病的功能。

①对胃肠溃疡及胃火的作用　经研究表明,猴头所含有的氨基酸能促使胃肠溃疡愈合、胃粘膜上皮的再生和修复,并有滋补强壮的功效。

②对肿瘤的作用　对胃肠道中晚期肿瘤,治愈 31.6%,显效 35.1%,总有效率 91.3%。经用后,部分肿瘤病人细胞免疫功能提高,食欲增加,病痛缓解,肿块缩小,能延长生存时间。

③对血液循环的作用　猴头制剂有明显加速动物血液循环,增加冠状动脉血液流量,改善机体微循环的效果。

④对耐缺氧量能力的作用　猴头制剂能提高小白鼠耐缺氧能力。用 18～22 克重的小白鼠进行试验,将猴头菌丝提取液注入腹腔内,1 小时后将注射过的小白鼠和未注射的对照小白鼠一同放入碱石灰水中。注射猴头菌丝提取液的小白鼠的存活时间比对照小白鼠明显延长,耐缺氧能力明显提高。

110. 猴头菌的形态特征是什么?

猴头菌隶属于真菌门,担子菌纲,多孔菌目,齿菌科,猴头菌属。猴头菌又名刺猬菌和茶花菌,也叫山伏菌。

(1)菌丝体　菌丝由猴头菌孢子萌发而来。孢子萌发时,先在一端伸出芽管,芽管不断发生分枝和延长,即形成菌丝。直径 10～20 微米,有横隔,多分枝,丝状。菌丝体的重要功能是吸收营养。

(2)子实体　新鲜时白色,干后淡黄色或黄褐色,块状,直径一般为 5～20 厘米。猴头菌子实体由许多粗短分枝组成,但分枝极度肥厚而短缩,互相融合,呈花椰菜状,仅中间有一小空隙,全体成一大肉块,圆筒形,基部狭窄,上部膨大,布满针状肉刺。肉刺上着生子实层。肉刺较发达,有的长达3厘米,下垂,初白色,后黄褐色,整个子实体像猴子的脑袋,颜色像猴子的毛,故称猴头菌。

(3)**孢子** 猴头菌的孢子着生在子实层中的担子上,叫做担孢子。猴头菌子实体成熟后,会从针状肉刺的子实层上散出几亿到几十亿个担孢子。如将一只成熟的猴头菌刺朝下,放在黑纸上,如温湿度条件适合,只要几小时,黑纸上便会出现一个由孢子组成、与猴头菌投影相似的图形,这图形叫孢子印。猴头菌孢子在适宜条件下萌发成菌丝,菌丝发育到一定程度,就产生子实体,形成新的猴头菌。

111. 栽培猴头菌需要哪些生长发育条件?

(1)**营养** 猴头菌是一种木质腐生菌。需要的营养物质有碳源、氮源、矿物质元素和维生素等。适宜猴头菌生长的碳源是锯木屑,其他有米糠、麦麸、棉籽壳、稻草、甘蔗渣等。这些碳源,猴头菌菌丝不能直接利用,必须经菌丝体分泌出一些酶,将其分解成单糖或双糖后才能吸收利用。为此,人工栽培猴头菌,尚需加少许葡萄糖或白糖。

猴头菌菌丝体能直接吸收的氮源有氨基酸、尿素、氨和硝酸盐等。蛋白质的一些高分子化合物必须经蛋白酶分解成氨基酸后才能吸收利用。碳、氮比例,菌丝生长阶段以 20∶1 为好,子实体发育阶段以 20～40∶1 为好。

猴头菌生长发育,还需要磷、钾、镁、硫、钙、铁、锰、锌等矿物质元素。因培养料中一般都含有,不需要另加。猴头菌生长发育也需要一定量的维生素,但米糠等培养料中也均含有,不需要另加。

(2)**温度** 猴头菌属低温型食用菌,菌丝体生长有利温度范围是 12℃～33℃,以 21℃～25℃ 为最适宜,猴头菌子实体形成的温度范围是 12℃～24℃,以 15℃～22℃ 为最适。研究证明:菌丝体在 25℃ 条件下生长良好,33℃ 下生长缓慢,35℃ 下生长停止;而子实体形成则是在 20℃ 左右最为适宜,到 25℃ 时生长缓慢,甚至受到抑制,而低于 14℃,子实体又容易发红,并随着温度的下降而颜色加深。由此可见,猴头菌也是一种变温结实菌。

(3)水分和湿度 猴头菌菌丝体和子实体的水分含量高达 80%～90%。生长发育期间所需的水分,主要来自培养料和空气湿度。据研究,猴头菌菌丝体生长阶段培养料含水量以 60% 较好,子实体形成阶段,含水量以 70% 为好。在菌丝体培养阶段,空气湿度宜保持 60%～65%;在子实体形成阶段,以 85%～95% 最为理想。低于 70%,子实体很快干缩,颜色发黄;低于 80%,就会出现不能恢复的永久性斑痕,局部虽可继续生长,但子实体呈畸形。

(4)氧气 猴头菌是好气菌,需吸入氧气,吐出二氧化碳。猴头菌对二氧化碳浓度十分敏感,当浓度超过 0.1% 时,就会刺激菌柄不断分枝,而抑制菌伞发育。所以培养室内要经常通风换气。

(5)光线 猴头菌菌丝体生长不需要任何光线,宜在完全黑暗中生长。在形成子实体时,需要一定的散射光,一般 10～20 勒即可。

(6)酸碱度 猴头菌喜欢酸性,pH 值为 2.4～5.4 范围内均能生长,最适 pH 值为 4。当 pH 值大于 7.5 时,菌丝体难以生长。在配制培养基时,培养基的 pH 值可以依最适 pH 值提高 1～2,即 pH 值为 5～6 为好。因为当培养料灭菌、菌丝体生长发育后,都会使培养料 pH 值下降变酸。

112. 栽培猴头菌有哪些常用培养料配方？

见下表。

配　方	成　分
(1)	木屑 78%,麸皮或米糠 20%,石膏粉 1%,蔗糖 1%,含水量 55%
(2)	棉籽壳 79%,麸皮 20%,石膏粉 1%,含水量 60%
(3)	玉米芯(粉碎,下同)78%,玉米粉 20%,石膏粉 1%,过磷酸钙 1%,含水量 60%
(4)	木屑 69.8%,玉米粉 20%,麸皮 10%,硫酸镁 0.1%,磷酸二氢钾 0.1%,含水量 58%
(5)	豆秸 68%,木屑 20%,麸皮 10%,石膏粉 1%,蔗糖 1%,含水量 60%
(6)	棉籽壳 80%,木屑 10%,米糠 8%,石膏粉 1%,过磷酸钙 1%,含水量 60%
(7)	酒糟 80%,稻壳 8%,麸皮 10%,石膏粉 1%,过磷酸钙 1%,含水量 65%
(8)	甘蔗渣 77%,米糠 20%,蔗糖 1%,黄豆粉 1%,石膏粉 1%,含水量 60%
(9)	玉米芯 72%,木屑 20%,豆秸粉 5%,石膏粉 1%,过磷酸钙 1%,蔗糖 1%,含水量 60%
(10)	棉籽壳 52%,杂木屑 12%,麸皮 10%,米糠 10%,棉籽饼粉 8%,玉米粉 5%,过磷酸钙 2%,石膏粉 1%
(11)	稻草 70%,麸皮 27%,另加糖、石膏、过磷酸钙各 1%,含水量 60%
(12)	稻草 49%,玉米芯 49%,石膏粉 1%,过磷酸钙 1%,含水量 60% (适于室内熟料瓶栽用)
(13)	麦秸粉 70%,麸皮 28%,蔗糖 1%,石膏粉 1%,含水量 60%(适用于熟料室内压块及瓶袋栽培)

113. 怎样进行瓶栽猴头菌高产栽培？

（1）**栽培季节** 每年可分春、秋两季栽培，春季 1～2 月份制种，3～4 月份栽培，5～6 月份出菇；秋季 8 月中旬至 9 月制种，9～11 份栽培，10～12 月份出菇。有控温条件的可常年栽培。

（2）**原料及配方**

①棉籽壳培养基 棉籽壳 98%，石膏粉 1%，食糖 1%，含水量 65%。

②甘蔗渣培养基 甘蔗渣 80%，黄豆粉 1%，石膏粉 1%，米糠或麸皮 18%，含水量 65%～70%。

③棉籽壳、甘蔗渣培养基 棉籽壳 60%，甘蔗渣 33%，麦麸 5%，过磷酸钙 1%，石膏粉 1%，含水量 60%～65%。

④木屑培养基 阔叶树锯木屑 78%，麸皮 20%，石膏粉 1%，食糖 1%，含水量 60%。

⑤稻草培养基 稻草（铡短或粉碎）75%，麦麸 20%，花生壳粉 2%，石膏粉、白糖、过磷酸钙各 1%，另加维生素 B_1 0.05%，含水量 65%。

⑥玉米芯培养基 玉米芯（晒干、粉碎）78%，米糠 20%，石膏粉 1%，过磷酸钙 1%，含水量 60%，常规进行拌料。

（3）**装瓶、灭菌、接种** 瓶栽猴头一般采用水果罐头瓶或塑料瓶装料。先将瓶子清洗干净。边上下振动边逐渐添料，然后用直径 1.5～2 厘米的捣木伸入瓶内稍压实，使培养料面低于瓶口 1 厘米，最后用捣木尖端在瓶料中央打一深至瓶底，孔径 2～2.5 厘米的接种孔。抹净瓶外壁，用塑膜夹一层牛皮纸扎封瓶口扎牢，入锅灭菌。将料瓶装入灭菌锅内，采用高压或常压灭菌，高压灭菌在 14.7×10^4 帕压力下保持 1.5 小时，常压灭菌 100℃保持 8～10 小时。灭菌后冷却至 60℃左右时将料瓶出锅,运入接种室,当瓶内料温降至 30℃以下时,在无菌操作下接入猴头菇栽培种。最好 3 人配合,1 人打开瓶口,1 个接种(菌种要塞满接种孔),1 人复封瓶口。1 瓶栽培种可接 35～40 个栽培瓶。接种量每瓶 10～15 克。

（4）**培菌管理** 接种后将菌瓶横卧于经消毒的培养室地面,堆叠成墙式让其发菌。一般可堆 5～8 瓶高(约 80 厘米),瓶底对瓶底码放。每行间距 50 厘米,以便操作管理。每 30 平方米地面可堆码 3 500～4 000 只栽培瓶。也可排放在床架上进行床架式栽培,床架层距 80 厘米,宽 50 厘米。摆放方法基本同上,但堆高可适当矮些,以堆码 4～6 瓶高为宜。春栽菇,以保温、通风为主;秋栽菇,以降温、通气为主。发菌期内,室内温度初期应控制在 22℃～25℃,空气湿度保持 60%～65%,以促进菌丝尽快定植、萌发、蔓延封面,可避免杂菌感染。随着菌丝的生长,瓶内料温会超过室温 2℃～3℃。因此,春栽时,当菌丝进入生长旺盛期(约吃料 2/3),应将室温调至 20℃左右。秋栽时,更应加强通风,以利降温。猴头菇属好氧性真菌,春栽时因气温较低,培养室往往密闭门窗或采用炭火加温,使室内缺氧,而影响菌丝向培养基内延伸。因此,每天中午要小通风 1 次,以利增氧发菌。秋栽时,因气温较高,菌瓶堆码数量较大,呼吸作用强,要防止高温烧菌。气温高时可昼夜敞开门窗通风。在适宜的条件下,经 25～30 天菌丝体即可长满瓶料,并很快达到生理成熟,在瓶口接种块上出现一簇簇白色颗粒,即为原基。此时即可打开瓶口,就地或移入栽培室排瓶催蕾。

（5）**出菇期的管理** 将已形成原基的菌瓶横卧在垫有砖块的地面上,瓶底对瓶底,堆叠成瓶墙让其出菇。堆码高度8～10 层。为防止菌瓶滑动,在每一列瓶墙的一端用一块半规格的砖砌成墙柱,另一端抵靠墙边。排瓶后,上覆薄膜,地面喷水,使空气湿度达到 90%。原基分化后很快形成菇蕾,并逐渐向外伸出。如湿度过低,菇蕾很快就会干缩、发黄,并留下永久性斑痕,降低商品价值。猴头菇子实体发生温度范围相对较窄,属稳温结实性菇类。子实体生长的最适温度为 16℃～20℃,而昼夜温差不得大于 5℃,温度低于 14℃ 或高于 26℃时,子实体会发红,影响商品价值。菇蕾形成后发育加快,空气相对湿度以 85%～90% 为宜。若湿度超过 90%,菇体蒸腾速度减缓或几乎停止,则影响菌丝体内营养物质向菇体传送,导致生长迟缓,或颜色发红,形成菌刺粗短的畸形菇,并易发生病虫害。喷水时切不可直接喷于菇体上,否则极易造成烂菇。猴头菇对二氧化碳十分敏感。浓度超过 0.1% 时,会刺激菌柄不断分枝,抑制中心部分发育,形成珊瑚状的花菜菇。因此,出菇房内的通风换气量应随着子实体的发育而逐渐加大。每天通风换气 3～4 次,每次 30～60 分钟。为了解决通风与保湿的矛盾,可采用室内挂草(向地面和草帘上喷水)的办法加以处理。

114. 怎样进行猴头菌高产袋栽?

(1)**菌株与栽培季节的选择** 选用上海猴头和猴头 911(均从上海农科院食用菌研究所引进)。8～10 月份制猴头菇菌种,10 月份至翌年 1 月底进行接种栽培。出菇期在 11 底至翌年 5 月份结束。

(2)**选用优质配方**

①**母种配方** 经多年筛选,共筛选出以下较好配方:马铃薯 200 克、麦麸 20 克、琼脂 20 克、蛋白胨 3 克、白糖 10 克、葡萄糖 10 克、磷酸二氢钾 1 克、硫酸镁 0.5 克、维生素 B_1 10 毫

克、pH 值 5.5。马铃薯 200 克、玉米粉 10 克、豆腐渣 10 克、琼脂 20 克、白糖 10 克、葡萄糖 10 克、蛋白胨 3 克、磷酸二氢钾 2 克、硫酸镁 1 克,pH 值 5.5。高压灭菌 1 小时。

②原种、栽培种配方 棉籽壳 75%,豆腐渣 20%,大麦粉 3%,白糖 1%,石膏粉 1%,pH 值 5.5。高压灭菌 1.5 小时。

③栽培袋培养料可选用以下配方 棉籽壳 90%,豆腐渣 5%、大麦粉 1%、米糠 2%、白糖 1%、石膏粉 1%,pH 值 5.5;棉籽壳 30%,平菇菌渣 45%,豆腐渣 18%,复合肥 5%,白糖、石粉各 1%,pH 值 5.5;棉籽壳 87%,豆腐渣 10%,白糖、平菇菌渣、石膏粉各 1%,pH 值 5.5。

(3)菌筒制作 任选以上一种配方,先将棉籽壳、平菇菌渣、复合肥用 pH 值 5.5 的清水拌料,然后将白糖、石膏粉溶于水中,喷洒在料中,豆腐渣撒在料堆上,继续把料抖匀拌透,使其全部湿润。培养料含水量 60% 左右。料的 pH 值 5.5。采用 42 厘米×20 厘米×0.04 厘米聚丙烯袋装料。料装至袋的 2/3 处,压紧料面,袋两头折叠一下,用 3 圈橡皮筋扎紧,每袋装干料 800～900 克,常压灭菌 14 小时以上,再焖 1 夜。然后得灭菌的料袋运送到已打扫干净的接种室内,待料袋装运完毕,把要用的菌种瓶、接种工具等都放入接种室,并把接种室、缓冲间地面拖干净,然后按接种室、缓冲间体积计算,每立方米中用高锰酸钾 5 克和甲醛 10 毫升熏蒸消毒。12 小时后,用等量氨水中和残余气体,按无菌操作从料袋两头接入菌种,接种时只要把袋口折叠处橡皮筋拉开,放入一勺菌种即可。接种后橡皮筋即复原,但袋口不折叠。

(4)培养发菌 将接种后的菌袋移入事先打扫干净并消过毒的培养室内避光培养。控制室温 20℃～25℃,室内相对湿度在 60%～65%。菌袋根据室温高低可排放 3～10 层。不必经常搬动,每周检查 1 次发菌情况,挑出杂菌污染的袋,重新回锅灭菌,再接种培养。检查的同时把上下层菌的菌袋交换位置,以利发菌一致。菌袋培养 45～50 天,菌丝即可基本上长满菌袋。

(5)出菇管理 将基本长满菌的菌袋移入栽培室,单行横放,每行留 50 厘米宽的走道,根据室温高低每行叠放 3～8 层。袋口橡皮筋三圈改二圈,这样既可少量通气,又可减少水分蒸发,有利于出单个大猴头,3～4 天后,猴头菇蕾从袋口长出。出菇期间,室温掌握在 15℃～22℃,并向地面和空中喷水,使室内空气相对湿度提高到 85%～90%。同时注意房间缓慢通风换气,以免出现畸形猴头。一般猴头生长 7～10 天,猴头菌刺约 0.5 厘米时,即将在产生孢子前及时采收。猴头采收后,清理菌袋菇根和老菌皮,袋口仍用二圈橡皮盘合拢,继续培养,大约 10 天,又可出第二潮猴头。以后管理要特别注意防杂菌,发现杂菌污染的菌袋,及时剔出处理。栽培室相对湿度不宜超过 95%。一般管理得好,可采收 3～4 潮猴头,生物转化率达 90%～111%。

115. 怎样进行猴头菌的仿野生栽培?

(1)菌株与配方 菌株野生自选分离或购买。配方可任选以下一种:①锯屑 88%,麸皮 10%,石膏、糖各 1%,水 100%。适宜在平均气温 20℃以上,或控温 22℃～25℃应用。②锯屑 83%,麸皮 15%,石膏、糖各 1%,水 110%。适宜在平均气温 18℃以上,或控温 18℃～22℃应用。③常规料锯木屑 78%,麸皮 20%,石膏、糖各 1%,水 110%。适宜平均气温 15℃以上,或控温 17℃～20℃应用。仿野生栽培的培养料尽量以硬杂木木屑为主,方能保证仿野生效果。

（2）**装袋灭菌** 可用宽 15～20 厘米、长 30～55 厘米的塑料袋,如用装袋机装料,可用口颈与袋粗相等的套筒,装料要实,手工装袋一定要松紧均匀;灭菌应根据不同程度的袋高压灭菌 3～4 小时或常压灭菌 8～13 小时。

（3）**接种培养** 可用普通原种两端接种,也可用枝条原种,将灭菌后的料袋直接堆放待温度降至 30℃ 以下,开放扦插菌条;扦插袋发菌期 15 日内必须控制空气相对湿度低于65%。菌丝培养时尽量保持 25℃ 以下恒温,若靠自然温度培养,培养室一定要黑暗,否则因菌袋没有达到生理成熟出菇,质量差又影响产量。

（4）**野外出菇管理** 将培养好的菌袋在气温(秋季)降至20℃ 以下时,移入栽培场堆积出菇。堆高 60～100 厘米,下层要用砖或其他物料架起 10 厘米,行距 70 厘米,上用遮阳网(90% 以上密度)遮阳;场地出菇部分最好有防雨设施。春季出菇气温回升至 15℃ 以上即控制出菇。头潮菇可让其自然从袋口出菇,二潮菇可将袋口扎口以外部分塑膜剪去,或在袋口上划"丁"字口或直口(要从上至下划)出菇。三潮菇时气温 15℃以下时向袋内注水,注水至菌筒达二潮菇重量时为宜。因有遮阳,不受光线直射影响,且温度靠自然调节,通风良好,畸形菇少。关键技术是保湿,菇的发生期控制在 90% 以上,成形期控制在 83%～90%,菌刺长至 0.5 厘米,再下降至 75%～83%,在成形期到成熟期调整至 45%～55%,以调节生长速度,提高菇体营养,增大菇体重量,但每次最多不得超过 3 天,以菌刺尖端稍有萎缩现象为宜;全程控湿增湿只能将水放于地面,而不可将水洒在菇体上,如温度在 18℃ 以下,可用高压喷雾器在早上或晚上喷雾增湿。仿野生栽培的全过程,为了使菇质保证原汁原味,尽量避免使用药物。在气温 18℃ 以下可不用任何药物,18℃以上的仿野生栽培可用防虫农药悬挂于栽培袋的中间,熏杀菇蝇或蚊虫,并在菇场外安装一较大功率灯泡,周围也可放一块带有敌敌畏或其他农药的棉布,灯泡下放一盆凉水,夜间诱杀菇蝇和蚊虫。切忌将药物喷在菌袋和菇体上,以免伤害和污染菇体。

116. 怎样进行猴头菌的大田阳畦栽培?

(1)栽培季节 大田阳畦栽培可分春、秋两季进行。春栽一般在1~2月制种,3~4月栽培,5~6月出菇;秋栽8月中旬至9月上旬制种,9~10月栽培,10~12月出菇。耕地面积较少的地区,为不影响其他农作物的生产,一般以秋季在空闲地里进行栽培为宜。

(2)栽培田块的选择 栽培田块以选择地势较高、平坦、排灌便利、土质肥沃疏松、交通方便的空闲田块做栽培场地为宜。

(3)菌袋的制作

①培养料的配制 选用新鲜、干燥、无霉变的棉籽壳、稻草、木屑、甘蔗渣、玉米芯等农作物下脚料为主料,辅以适量的麸皮、米糠、玉米粉、豆秸粉、过磷酸钙、石膏粉等,按常规配方和方法进行配置即可。

②制作菌袋 选用15厘米×50厘米的聚丙烯或20厘米×55厘米的低温聚乙烯塑料袋装料,装料要求、灭菌方法等同常规。

(4)接种与培菌管理 培养基经过灭菌冷却后,进入接种工序。为了确保菌袋的成品率,防止杂菌污染,应采用接种室接种,并严格做到"三要求、四消毒、四注意"。

①三要求 即袋温降至28℃以下时方可接种;菌种预处

理,即刮除表层老化的菌丝和已形成瘤状的原基或珊瑚状子实体;选择晴天或阴天清晨、晚上接种,严格执行无菌操作。

②四消毒　即接种室提前 24 小时消毒;料袋进房连同工具消毒;工作人员更衣并双手消毒;菌种拔出棉塞后瓶口与四周消毒。

③四注意　即在接种操作过程中启开穴口胶布仅限于露穴位;菌种过酒精灯火焰迅速接入穴口,并随即盖好胶布;菌块入穴略高于袋面,并稍压;接种后开窗通风 30 分钟,更新空气。

从菌丝萌发至培养成菌丝体,在适宜的环境条件下,时间大约在 25 天。管理上一要合理堆叠菌袋:菌袋进房后采取卧倒横排于床架上,或者采取“井”字形交叉重叠于发菌室地面上,每叠 10～12 袋。早春接种因室温低,可把菌袋集中叠放在 1～2 个架上,用薄膜围罩,以提高温度加快菌丝萌发定植。二要调节适宜温度:接种后头 4 天,室内温度在 26℃～28℃为好,使菌丝在最适的环境中加快吃料,定植蔓延,减少杂菌污染。第五天起至 15 天内,随着菌丝发育袋内温度上升,袋温自然会比室温高 2℃,此时室温应调至 25℃左右为好。16 天后菌丝逐渐进入新陈代谢旺盛期,温度则应控制在 20℃～25℃为适。春季栽培自然气温较低,可采取炭火或电热加温,促进菌丝正常生长发育。秋末栽培自然气温一般适宜,但有时会出现高温期,要注意降温,以免温度偏高,损伤菌丝生长。三要掌握干燥发菌:发菌期要求室内干燥培养。因为菌丝依靠基内水分生长,不需外界供水条件,所以空气相对湿度要求在 70%以下为好。阴雨天湿度大,可开窗通风,也可在地面撒些石灰粉吸潮。室内空气湿度偏大,往往会使穴口胶布潮湿,导致杂菌孳生繁殖。四要翻袋检查杂菌:接种后 3～4 天,一般不要翻动菌袋,让菌丝萌发吃料,5 天后检查菌丝生长和杂菌污染状况。尤其老菇区更要认真检查,一旦发现杂菌立即隔离,并采取措施加以处理,防止蔓延。

猴头菇室内发菌培养日程及管理要点:1～4 天菌丝萌发定植。菌袋上架开排或叠堆发菌,温度控制在 25℃～28℃,湿度 65%,不可随便翻动菌袋,低于 20℃时要加温。5～9 天时,菌丝长 3～4 厘米,呈稀薄浅白色状;翻袋检查,排稀菌袋降温,温度保持 23℃～25℃,湿度 70%,每天通风 2 次,每次 30 分钟,防止二氧化碳沉积。16～20 天菌丝长满菌袋的 40%,穴口菌环相连。疏袋间距 2 厘米,温度保持 22℃～24℃,湿度 70%,开窗通风,每天 2 次,每次 30 分钟,控制超越温度,防止强光照射。21～25 天,菌丝占整袋 80%,穴口出现扭结粒。注意观察菌丝生长,准备下田,温度控制在 21℃～23℃,湿度 75%,每天通风 2～3 次,每次 30 分钟,避免高温刺激,变温促原基形成。

(5)出菇管理 菌袋经过室内发菌培养 25 天左右,菌丝生理达到成熟,从营养生长转入生殖生长阶段。猴头菇通常出现菌丝尚未走满袋,就开始出现原基分化成子实体。因此要及时根据栽培方式,分别把菌袋搬到室内栽培房或野外荫棚畦床上出菇。根据经验,野外栽培比室内生态条件好,长菇速度快,长势健康,可以避免畸形菇的发生。出菇管理技术如下:

①诱导定向出菇 菌袋搬离菌丝培育室,排放于栽培场地的畦床或室内床架后,随手把穴口上的胶布掀起一孔隙,隙口豆粒大小即可,使菌丝接触空气,迅速从穴口气孔中显露浓白色的原基,并吸收空间湿度分化成幼蕾。胶布掀起的透气孔不宜过大,以免出现原基膨胀,分化不成型。菌袋排放方式,野外畦栽可直立斜靠排袋架上,似袋栽香菇模式,每行排 8～9

袋;也有的是平卧于排袋架上。两者对比直立斜靠比平卧排放好。因为猴头菇刺毛下垂成型。排袋后在畦床上每隔1.2米插1条弓形竹条,并罩上塑料薄膜保湿。出菇期不要轻易移动袋位方向,以免造成刺毛不顺势生长变成畸形菇。

②变温催蕾定形 菌袋下田后应从原来室内23℃发菌,降至16℃～20℃,使温差刺激菌丝迅速扭结成原基并分化成幼蕾。适温条件下从幼蕾到长成菇,一般只要10～12天即可采收。气温超过23℃时,子实体发育缓慢,会导致菌柄不断增生,菇体散发成花菜状畸形菇,或不长刺毛呈光头菇,超过25℃还会出现萎缩死亡,因此要特别注意控制温度。若超过规定温度,可采取四条措施:空间增喷雾化水;畦沟灌水;荫棚遮盖物加厚;错开通风时间,实行早晚揭膜通风,中午打开罩膜两头,使空气通顺,以利降温。

③创造适宜湿度 猴头菇子实体生长期有别于其他菇类,它全靠空间自然湿度来满足生长需要,为此,栽培场所必须创造85%～95%的空气相对湿度。幼菇期对湿度反应敏感,若低于70%,已分化的子实体还会停止生长,虽增湿后可恢复生长,但菇体表面仍留永久性斑痕;如果高于95%,加之通风不良,易使杂菌污染。创造适宜湿度的方法:畦沟灌水,增加地湿;喷头朝天,空间喷雾;盖紧畦床上塑料薄膜保湿;幼蕾期可在表面加盖湿纱布或报纸增湿。喷水切忌喷到菇上,以免菇体变红,发生霉菌。

④加强通风换气 猴头菇是好气性菌类,如果通风不良,二氧化碳沉积过多,刺激菌柄不断分枝,抑制中心部位的发育,会出现珊瑚状的畸形菇或杂菌繁殖污染。因此,野外畦栽时,每天上午8时应揭膜通风30分钟,子实体长大时,每天通风2～3次,并适当延长通风时间。室内栽培,每天起码通风

2～3次,并适当延长通风时间。室内栽培,每天起码通风2次,但切忌让风直吹菇体,以免造成菇体萎缩。

⑤调节光源　长菇期要有散射光,野外荫棚掌握"三分阳七分阴,花花阳光照得进";室内栽培向阳处需挂草帘遮荫;地下室、人防工程,可按每隔5～7米,安装60～100瓦电灯1盏,每天照明8小时,以满足生长对光照的需要。猴头菇野外畦栽出菇管理日程及要点:1～2天,原基分化成豆粒状,菌袋下田排放,穴口胶布掀起诱导定向出菇,温度控制16℃～20℃,不能高于22℃,不能低于10℃,湿度85%,每天通风1次,时间30分钟,注意空间喷雾,畦床罩膜。3～5天,菌柄突起菇体有卫生丸至乒乓球大小。温度控制16℃～20℃,湿度85%～90%,每天通风2次,每次30分钟,要防止高温刺激、喷雾增湿,防止二氧化碳沉积。6～8天,菇体8～10厘米,菌刺初露,色纯,晴天畦沟灌水,空间喷雾增湿,揭膜通风换气,温度16℃～20℃,湿度90%,每天通风2次,注意保湿通风,防止霉菌侵袭。9～10天,菇体10～12厘米,菌刺延生垂直,色微黄,温度控制在16℃～20℃,湿度95%,每天通风2次,每次30分钟,注意通风,更新畦床空气,防止菇体变红。11～15天,菇体饱满,菌毛有弹性,适时采收第一潮;采后停止喷雾24小时,揭膜通风12小时;基座划痕(即搔菌),温度控制在16℃～20℃,湿度75%;每天通风1次,时间12小时。要适时采收、清场、控制湿度,诱导再出菇。

117. 怎样进行猴头菌室内吊袋栽培?

(1)栽培季节　根据猴头菌生理特性和对环境条件的需求,人工栽培在自然条件下可春、秋两季进行。北方春栽3～4月份培养菌袋,5～6月份出菇;秋栽6～8月份培养菌袋,8月中下旬至 10 月出菇。

（2）**菇房要求**　空闲房舍、温室、大棚及简易菇棚都可作为出菇场所，菇房要求通风透光好，清洁卫生，水源方便。上部（2 米高即可）设置有吊挂袋的棍子或竹竿，竿间隔 25 厘米左右。

（3）**培养基配制、装袋**　猴头菌菌丝对氮源及培养料酸度要求较高，配制时应酌量多加含氮丰富的物质，最好不要加石灰。适宜的配方是：木屑 78%，玉米面 10%，稻糠 10%，豆饼粉 1%，石膏 1%，含水量 60%～65%。常规拌料，拌好后直接装入 17 厘米×33 厘米×0.05 厘米规格的聚丙烯袋中。袋料高度 18～20 厘米。每袋装干料 0.4 千克。装好后扎眼，套颈圈，塞上棉塞，及时灭菌。

（4）**灭菌、接种**　常压灭菌，当温度达 100℃时持续 8 小时。取出菌袋，冷却。待料温降至 30℃以下时，搬入接种室。采用甲醛熏蒸消毒，每立方米空间甲醛用量 3 毫升、高锰酸钾 1.5 克。一般是第一天消毒，第二天接种。接种时拔下棉塞，用消毒的勺等工具接入一块菌种，然后塞紧棉塞。一瓶 750 毫升的菌种可接 50 袋。

（5）**发菌管理**　接种后移至培养室，立式摆放或卧式堆叠发菌。摆放时轻拿轻放，以免破袋造成污染。培养室宜暗光、干燥、清洁、通风良好，温度控制在 22℃～27℃，空气相对湿度 70%左右。发菌期间检查 1～2 次杂菌，猴头菌菌丝抗杂力强，轻度污染的袋经处理后仍可出菇，不要轻易废弃。经 40～45 天，菌丝可长满袋。

（6）**吊袋出菇**　待菌丝长满袋后即可进行吊袋。北方一般春季 5 月中旬开始吊袋；秋季 8 月上中旬吊袋（秋季出菇期长，产量高）；选择无风天吊袋，先将菌袋浸入消毒液中，如来苏儿溶液水中浸一下,进行表面消毒,然后在袋上用刀片开2个"V"形口,二口要上下错开,对面开口,口边长约2厘米。开口后用尼龙绳系住袋口,成串吊起。2米高的菇棚每串可吊挂8～10袋,串间距不小于20厘米,留好作业道。吊袋后菇房空气相对湿度保持在80%以上,吊袋后3～5天向袋上喷水;为防污水进入割口中,勿使受伤菌丝染菌腐烂,应尽量向空中及地面喷雾状水。经7～10天,割口处就会形成子实体原基。此时加强水分管理和通风,每日视天气情况确定喷水次数和喷水量,使空气相对湿度保持在80%～95%。加强通风,使菇房内空气清新。条件适宜,15～20天子实体长大成熟。当子实体不再增大,基部开始发黄变软,菌刺长约1厘米时即可采收。采收一潮后,养菌3～5天,再重新按出菇管理。若气温在25℃以下可出第二潮。一般每袋二潮总产鲜菇在300克以上,高者达500克,生物转化率80%～100%。此栽培方法子实体拥有的空间大,通风好,受光均匀,不粘连,个体佳,形态好,商品价值高。

118. 怎样进行猴头菌高产栽培?

猴头菌菌丝生长最佳温度23℃～28℃,子实体生长最佳温度15℃～22℃。秋季气温由高转低,自然条件十分适宜猴头菌生产,但由于秋高气爽,空间相对湿度偏低,如果栽培管理不当,必然影响正常生长,直至影响猴头菌产量与品质。因此,秋栽猴头菌必须抓"五关"。

(1)配料把好水分关 培养料配方:杂木屑75%,麦麸23%,蔗糖1%,石膏粉1%。秋季气候干燥,水分容易散失,因此配料时,每100千克干料应加入清水120升为宜。含水率60%左右为好。感观测定:手握料指缝间溢出水珠,但不成串下滴即可。

（2）**制袋把好破损关** 秋栽猴头菌的栽培袋宜采用 150
毫米×550 毫米规格的低压聚乙烯薄膜筒制成的,每袋装干
料 0.9 千克。袋子要求无针孔。装料时要求装紧装实,不留空
隙;袋口扎牢,密封不漏气;轻取轻放,防止刺破袋面,引起杂
菌感染。

（3）**接种把好病从穴入关** 装袋后的培养基,通过常压灭
菌灶灭菌,要求达 100℃后维持 14 小时,达标后趁热出锅。待
袋温冷却到 28℃以下时方可接种。接种选择晴天或阴天午夜
进行,每袋打 4～5 个接种穴。接种操作中菌种要集中迅速地
通过酒精灯火焰,接入接种穴内,穴口用胶布贴封。接种后要
打开门窗通风 30 分钟,更新空气。

（4）**发菌把好诱基关** 接种后的菌袋置于室内在 23℃～
28℃条件下培育,促进菌丝萌发生长。发菌期要求 20 天左右
为好,气温不足时需 25 天。菌丝基本布满菌袋时,说明生理成
熟。猴头菌的原基出现常为不定向,如果让其自由发生,不利
管理。为使定向出菇,就必须人为地诱导定向长出原基。因此
当菌袋生理成熟时,将其搬到野外菇棚的畦床上,竖立斜靠在
排袋架上,并顺手把接种穴口上的胶布掀起豆粒大小的气孔,
让菌丝接触氧气,当原基受空气、湿度影响,便从穴口长出。

（5）**出菇把好定形关** 菌袋在荫棚床上罩盖地膜,控制在
16℃～20℃的温度下进行催蕾,如果超过 23℃,会导致菌丝
不断增生,菇体散发成花菜状的畸形菇。为此出菇定形后应采
取空间喷洒雾化水,畦沟浅度灌水,加厚荫棚盖物,早晚通风
等措施,避免因气温超标造成畸形菇发生。秋季出菇期要特别
注意喷水,根据菇体大小、表面色泽、气候晴雨等不同条件,灵
活掌握四要点:①幼蕾期雾喷,中期轻喷,后期勤喷多喷;

②菇体萎黄刺毛不明显，长速缓慢，则为湿度不足，应多喷勤喷；③刺毛鲜白，弹性强，表明湿度足够，应少喷不喷；④喷水必须结合通风，排除二氧化碳危害，避免光头菇出现。

119. 优质高产栽培猴头菌有哪些关键技术？

（1）选择良种　首先栽培母种应表现性状优良，生长快，均匀整齐，在适温下两周内长满斜面。冰箱保藏常形成原基，镜检有少量厚垣孢子，若孢子过多，则产量偏低。若菌丝发黄细弱稀疏，表明菌种退化。生长不均，程度不齐，说明菌种不纯，均不可采用。原种应致密洁白，上下均匀，无菌丝间断，表面菌丝旺盛。若基质干缩，料壁脱离，颜色发暗，说明菌种老化。壁周出现各色条纹、斑点，表明菌种有杂，不能使用。其次生产菌龄要适宜，一般冰箱保藏，母种、原种不超过 3 个月，常温（20℃）下不超过 20 天。若菌龄过长，则活力下降，不仅生长慢、产量低，而且抗逆性差，极易染杂。因此，生产上切不可使用劣等或老化的菌种。此外，还要选用适宜当地生产的优良品种。

（2）适时栽培　猴头菌属于中温发菌、低温结实性菌类。菌丝体最适温度 24℃～26℃，子实体适宜温度 15℃～20℃。该菌对环境条件十分敏感，尤以子实体阶段对温度敏感，气温高于 25℃或低于 12℃均不能形成正常子实体，表现为无刺发黄、丛生畸形或变红异常，生长停止。据此，北方栽培每年以 2 月份或 9 月份接种，3～4 月份或 10～11 月份出菇最好，南方春、秋栽培可分别提前或推迟 20～30 天。实践证明，北方春栽不宜迟于 3 月中旬，以免菇期遇 25℃以上高温导致减产，降低品质。秋栽若气温偏低（30℃以下），可尽量提前接种，以便在气温降至 12℃以下前结束出菇。这样充分利用自然条件，可达到速生高产的目的。

（3）**原料配置**　原料配置是获得稳产高产的基础。经比较发现，母种培养以玉米麦麸培养基生长较好。配方为：玉米碎粒 70%，麦麸 27%，葡萄糖 1.5%，琼脂 1.5%。原种、栽培种培养料一般就地取材，常用配方有：棉籽壳 87%，麦麸 10%，蔗糖 1%，石膏 1%，木屑 1%。研究表明，在一定范围内，随料中麦麸增加，产量逐渐提高，但有限度。棉籽壳栽培，麦麸量不宜超过 15%，否则不仅增加成本，而且子实体易分枝松散，呈菜花状或珊瑚状，降低品质。为提高产量质量，拌料时在允许范围可尽量多加水；料水比 1∶1.5～1.6 较好，这样头潮菇朵大球重，色白味佳，商品质量好。

（4）**小袋栽培**　实践证明，猴头菇小袋(12 厘米×12 厘米)加环栽培，出菇早，产量高。一般头潮菇提前 2～5 天，球径达 8～9 厘米，生物效率较大袋（16 厘米×32 厘米）增加 30%～40%。同样筒栽猴头也以(12～15)厘米×(35～40)厘米的短筒二端接种效果好。装袋时掌握外紧内松，以防基质失水影响正常出菇。此外料要装满，少留空间，以免柄过长，多耗营养。袋栽猴头个大正常，外形美观，适宜鲜食、干制；筒栽操作简便，菇体较小，适宜制罐。

（5）**彻底灭菌**　彻底灭菌是保证制种成品率高的技术关键；小袋高压灭菌要求在 $14.7×10^4$ 帕压力保持 1～1.5 小时，大袋及筒料应保持 2～2.4 小时。常压灭菌以 102℃4 小时，再保温 4 小时为宜，若温度不够，必须延长灭菌时间。高压灭菌还须防止塑料袋胀气破裂，设法保证袋内外温度及压力平衡。故装料扎口不必过紧，灭菌时采用开阀加热，文火升温，缓慢排气，自然降压的方法来控制胀气。为防止袋面破洞，灭菌后将料袋趁热浸沾 pH 值 13 的浓石灰水，可明显提高菌袋成品率。

（6）菇期通风保湿 猴头管理的中心在菇期，菇期管理的关键是通风保湿。小袋栽培19～24天开始形成原基，此时应移入菇房，及时开口通风，以防原基萎缩，推迟出菇。筒栽可在菌丝扭结处用小刀开1～2厘米的"十"字口，以增加氧气，促进子实体分化。开口后要增大湿度，喷雾化水，使空气相对湿度达到80％～90％。出菇后切不可向幼蕾喷水，否则水渗入袋中会造成幼菇伤水萎缩，进而变污腐烂，但要少喷勤喷，随菇体生长加快，水量增加。一般温度高，通风差，要少喷或不喷；通风好、温度适宜，可多喷勤喷。猴头菌子实体对二氧化碳极敏感，当空气中二氧化碳浓度超过0.1％，会刺激菇柄不断分化，形成菜花状、珊瑚状子实体，降低适口性。因此，必须加强通风，每天2～3次，每次30分钟。亦可常开窗扇，确保空气清新，但不可直吹菇体，以防变色萎缩。

（7）及时采收补水 猴头菌自现蕾到成熟一般约10天。因用途不同，采收标准不一。若鲜食、制罐或盐渍，以菌刺长0.3～0.5厘米采收最好，此时菇体内实朵重，适口性强；若刺长1厘米以上，则开始散发孢子，必然降低营养，同时菇体变软，口味下降。采时用小刀割下，留1～2厘米菇柄，柄留过长易染杂菌，太短影响子实体再生。为提高产量，采收第一潮菇后停水2日，通风1日，使割后菇根表面收缩，随后用竹筷在袋端打2个8～10厘米的洞，视菌袋大小，各补水50～100毫升。24小时后控出多余水分，在适温下培养7～10天可出二潮菇。补水后的子实体一般增重0.6～1倍，可提高经济效益。

（8）后期覆土防杂 二潮后猴头菌丝变弱，活力下降，经常被污染。尤其在温暖潮湿的环境，极易感染绿色木霉，该菌属好氧性喜温喜湿菌类，一旦发生，极难治理。对此可进行覆土防治。具体操作为:先在地面铺土5～6厘米,然后脱去塑料袋,将菌袋呈两排纵向摆放,排间距10～12厘米,袋间距2～3厘米,排好后每层加土3～4厘米,间隙填土,喷湿后垒第二层,通常可垒6～8层,菌墙两侧以泥抹平,厚1～2厘米,墙顶用泥封成凹槽,以利盛水保湿。经此处理既可防霉,又为猴头菌子实体生长提供了必须的水分和养分,通常能再出2～3潮,生物总转化率可达140%。

120. 怎样用棉籽壳袋栽猴头菌?

(1)塑料袋选择　土蒸锅灭菌可用聚乙烯塑料袋,高压灭菌则用聚丙烯塑料袋。规格为50厘米×12.5厘米×0.08厘米。

(2)配方　棉籽壳76%,米糠或麦麸20%,糖1%,黄豆粉1%,石膏1%,过磷酸钙1%,料水比1:1.25。

(3)装袋　先把米糠或麦麸、黄豆粉、石膏粉混合均匀。糖、过磷酸钙溶于水中,然后再和棉籽壳等其他料搅拌均匀。根据栽培料干湿不同,加水要灵活掌握。每袋装干料0.5千克左右。塑料袋的两端用线绳捆紧,袋口用酒精灯火焰烧熔封闭。并等距离打3～4个直径1.8厘米、深2厘米的孔穴,孔穴用医用胶布封严。

(4)灭菌消毒　将装好料的塑料袋进行消毒灭菌,土蒸锅灭菌100℃、10小时左右,高压灭菌在$1.68×10^5$帕下2小时即可。

(5)接种　温度下降到30℃以下,便可接种。接种要在无菌室或无菌箱中进行,严格无菌操作。先用左手撕开塑料袋接种穴胶布的一角,右手拿接种铲,取一块蚕豆大的菌种块,迅速通过酒精灯火焰上方填入接种穴内,再贴好胶布。

（6）培养　将已接种的菌袋移入清洁干燥、通风良好的房间中培养,室温控制在 20℃～25℃,要经常仔细检查有无杂菌污染。凡袋中有绿、黄、红、黑等其他颜色均为杂菌,应及时处理,污染轻的可以再重新灭菌接种,污染严重的则需运至离培养室较远的地方埋掉。

（7）出菇管理　接种后保温培养 18～25 天,两个接种穴之间的菌丝就可能连到一起,此时要将胶布撕开一角通风换气,使菌丝迅速长满全瓶。并向空中喷雾以增加湿度,相对湿度保持在 85%～95%。再过 4～5 天,原基迅速分化和菌蕾形成,这时对温度、湿度、光线、通风等条件很敏感,如能满足要求,原基分化和菌蕾形成就快,反之则推迟。在适宜条件下猴头菌子实体从菌蕾形成到发育成熟 12～15 天就可以采收。

121. 怎样用稻草栽培猴头菌?

培养料配方是:稻草 75%,麦麸 20%,花生壳粉 2%,石膏粉、白糖、过磷酸钙各 1%,维生素 B_1 0.05%。先将稻草粉碎,用清水浸泡 8 小时,捞起滴干水分,加上其他材料拌匀,含水量以手握料指缝有水渗出但不下滴为宜。然后按常规方法装瓶、灭菌和接种。接种后在 25℃～28℃下培养,约 20 天后子实体原基陆续长至瓶口时,及时移入栽培室,打开瓶盖,在 15℃～25℃下,保持湿度 90%～95%,半个月后就可采收。子实体大小及产量,与用锯木屑栽培的无多大差别。

122. 怎样用玉米芯栽培猴头菌?

配方采用玉米芯(晒干、粉碎)78%,米糠 20%,石膏粉 1%,过磷酸钙 1%,pH 值为 6。玉米芯粉称取后先用冷水浸泡,再与其他原料拌匀,加水至手握料指间见水珠为度,此时含水量为 65% 左右。装料至瓶肩,中央打 1 洞穴至瓶底,用棉花、纱布或牛皮纸封口,在 1.68×10^5 帕压力下灭菌 2 小时。接种时,刮弃原种表面一层菌膜,挑取蚕豆大 2 块菌种分别放至料中洞穴内的中部和上部。25℃下恒温培养,20 天左右,菌丝就可长满全瓶,且出现小菌蕾。此时降低温度到 22℃,打开瓶塞,注意通风保湿,保持室内新鲜空气,向地面经常浇水,使空气湿度保持 85%～90%。允许有少量的散射光,切忌强烈的直射光。当子实体长满菌刺开始弹射孢子时即可采收。子实体形成到成熟需 10～15 天。采收时菌柄不可残留过长。

123. 怎样用甜菜废丝料栽培猴头菌?

瓶装甜菜废丝料栽培猴头菌,用 500 克大口罐头瓶,瓶产 50 克以上。

(1) 培养料 菜丝(干重)60%,豆秸粉 18%,麦麸 20%,石膏 1%,废糖蜜 1%。实践证明,这是最好的配方。在配加麦麸的基础上,增加废糖蜜可增产一至二成。含水量调至 65%～68%。进行装瓶、灭菌。常压蒸汽灭菌应达 10 小时,焖 8～10 小时再出锅;高压灭菌应在 1.5 千克/平方厘米下维持 1.5～2 小时。

(2) 接种培养 使用纯正、新鲜、旺盛的 3 级种在无菌室或接种箱中接种,接种量为料的 30%～40%。培养室黑暗或有中度散射光均可。但生长中期之后,散射光有诱发子实体早形成的作用,最好加二层牛皮纸或黑红布各一层遮光。菌丝培养温度为 21℃～25℃,空气湿度 65%～75%。菌丝长透后移入出菇室,室温保持 15℃～22℃,空气湿度宜 85%～95%,空气宜流通。低于 14℃,子实体生长明显变慢,色暗红,越冷颜色越深,品质下降。培养中空气过于干燥时,菌料表面易出现杂菌污染。出菇室内干燥,也会使子实体上感染青霉。幼菇对干燥十分敏感,当空气湿度低于 80% 时,子实体上就出现不可恢复斑痕。当温度恢复正常之后,可以恢复生长,但多呈畸形。出菇室若湿度超过 90% 时,则猴头菌体内水分蒸腾作用减少,代谢活动减弱,生长缓慢,很易感染细菌性病害,子实体白色,刺毛变短。湿度合适时子实体白色,刺毛较长。出菇室中二氧化碳浓度不应过多积累,二氧化碳浓度超过 0.1% 时,则刺激菌梗不断分枝,抑制菌块发育而出现开花现象。培养期间采用平地堆积式,堆高 0.7～1.0 米,5～6 天倒堆 1 次。出菇室采取多层木架式。子实体出现后 7～10 天,开始向外弹射白粉状孢子时,即可采收。

124. 怎样用蔗渣栽培猴头菌?

培养料采用粉碎的甘蔗渣 80%,米糠 18%,黄豆浆 1%,石膏粉 1%,含水量 65%～70%,用过磷酸钙浸出液调节至pH 值为 5.5～6。将拌匀的料装入塑料袋(干料 0.6 千克)压实,袋口扎紧后烧熔封闭。每袋打 3～4 个接种穴,贴胶布封闭穴口,用报纸包好装入高压锅灭菌 2 小时,或用土蒸锅蒸汽灭菌 8～10 小时。灭菌后去掉报纸,移入无菌箱。揭开胶布接入菌种,再贴上胶布。1 瓶菌种可接种 80～100 穴。接种后在25℃～28℃的培养室内培养 15～18 天,这时菌丝尚未全部长满,但已见到有部分原基出现,应及时搬到栽培室降温催蕾。当出现子实体原基后,把胶布贴成弓形,或用小刀割破出现原基处的薄膜,2～3 天后长出子实体。这时室温要控制在16℃～20℃,空气湿度保持 90%～95%。同时,要注意通风换气,以免出现畸形菇。一般子实体长 10～15 天就可采收,管理得当,5～7 天后又可出现第二批子实体,整个生长周期约 50

天。

曾于 4 月 2、4、29 日先后进行试验栽培,分别在 4 月 20 日和 22 日和 5 月 16 日长出猴头菌子实体。第一、第二潮生长正常,平均每袋产鲜猴头菌 398 克,折每千克干料产菇 663.8 克。从接种至子实体形成仅 18～20 天,比瓶栽缩短 15～20 天,且子实体大,第一潮采收的鲜猴头菌个重 130～150 克。冬季最大个重达 313 克,比同期瓶栽的个重增 2～3 倍,每千克干料产鲜猴头菌 0.8～0.9 千克,最高可达 1.1 千克。

125. 怎样进行酒糟栽培猴头菌?

利用酒糟栽培猴头,生物效率可达到 70%～90%。

(1)菌种制备 酒糟的 pH 值一般在 4.5～5.5,猴头菌是喜微酸性食用菌,所以不必调节酸碱度。栽培猴头菌可以用栽培种,也可以直接用原种。

(2)培养料配方 酒糟 90%,糖 1%,麸皮 9%,水适量;酒糟 70%,木屑 20%,糖 1%,麸皮 9%,水适量。

(3)栽培技术 新鲜酒糟加糖、麸皮拌匀以后,再加适量水将培养料含水量调到 60%～65%,即手握料指缝正好有水但不滴下为宜。

①装料 培养料配制好以后可以装瓶,也可以装袋。装瓶一般将料装至距瓶口 2 厘米以上,松紧适中为好。袋装的,大袋可装料 1 000 克,小袋可装料 500 克。

②灭菌 高压灭菌 2 小时,或常压灭菌达 100℃后维持 8～10 小时。

③接种培菌 培养料灭菌后取出,放入接种室,当料温降至 30℃时接种。大袋可采用两头接种法,瓶装和小袋一头接种。接种后,放于 24℃左右的室温内培养发菌,直到长好菌

丝、出现菇蕾为止。

④**出菇管理**　当菇蕾出现时,揭去瓶口包装材料或打开塑料袋口,立体堆放,小袋最好是用床架排放出菇,出菇期不能直接向菇蕾上喷水,可向墙壁、地面及空间喷水保湿,相对湿度要达到90%～95%。第一潮菇出完后,如果发现培养料过干,可用1%糖水或淘米水浸泡24小时,以提高第二、第三潮菇的产量。当猴头菌刺长到1厘米左右时就可以采收。采收时用小刀割下,菇根只留1厘米左右,不要留得太长,以免腐烂后引起病虫害。

126. 怎样防治猴头菌的病虫害和畸形菇的发生?

（1）**病虫害防治**

①**绿霉菌**　绿霉菌是最常见的食用菌病害,几乎能侵染所有的食用菌品种,猴头菌的培养料极易受到绿霉的危害。防治措施:猴头菌培养料对水搅拌时加入1 000倍的多菌灵或甲基托布津进行消毒处理;装锅灭菌时要彻底杀死料中的绿霉菌分生孢子。子实体生长期,温度不要超过20℃,湿度不超过95%,保持室内空气流通。选用抗逆性强的品种。感染绿霉菌初期要及时挑出隔离,有点、片病斑的袋子用800倍的多菌灵或苯菌灵喷洒,控制继续蔓延。

②**粉红病**　粉红病是由多种因素引起的一种综合性病症。当生长环境温度低于14℃、湿度明显降低时,子实体会发红。环境中的散射光强度超过1 000勒,子实体也会发红。当子实体受到粉红端顶孢霉侵染,子实体失去光泽,不再膨大,呈萎缩状,表面长出一层粉红色的粉状霉菌,子实体逐渐腐烂,还能影响到下潮菇的形成。防治措施是栽培环境要经常消

毒,温、湿条件不要偏高,同时要加强通风,降低粉红端顶孢子的悬浮量。局部发生粉红端顶孢霉病时,立即摘除病菇,并挑出受感染的病袋,远离菇房销毁。病菇摘除后要立即喷洒500倍25%的多菌灵消毒,能有效地防止霉菌扩大蔓延。

③蛞蝓　是栽猴头常见的虫害,又称软蛭、鼻涕虫,为一种软体动物。防治措施是菇房内要清洁干净,墙角不要堆放杂物,菇房四周无碎石、草堆等,消除蛞蝓孳生的环境。在蛞蝓常出没的地方撒石灰粉、草木灰、五氯酚钠,或喷洒5%的盐水、700倍的氨水进行毒杀。根据蛞蝓昼潜夜出的习性,在晚上进行连续捕杀,且有明显的效果。用300克多聚乙醛、50克蔗糖、300克5%的砷酸钙混合拌匀,再与炒黄的米糠或豆饼粉400克拌匀制成毒饵,于雨后初晴撒于菇房四周进行诱杀。

④潮虫　又称鞋底虫、夜游欢、鼠妇等,属甲壳科动物,为卫生害虫,能啃食猴头菌子实体,又是其他食用菌害虫。防治措施是清除菇房内外的杂物及四周的垃圾等,消除潮虫的栖息环境。在潮虫常出没的地方撒石灰粉或食盐,每隔3~5天撒1次,能有效地杀死潮虫。潮虫的珐琅质外壳,有一定的抗药性能,常采用毒饵诱杀的办法防治。用煮熟的甘薯、马铃薯去皮捣成糊,拌入少量敌敌畏,分放在瓦片上,投置于潮虫常出没的地方诱杀。也可用炒黄的麸皮500克,加入10克砷酸钙,撒在墙角诱杀。

(2)畸形菇防治

①无菌刺菇　是由于温、湿度管理不当引起的。如环境中的湿度不足,猴头菌子实体为减少水分蒸发,菌刺便停止生长。防治方法是加强通风,降低室内温度,使室温不超过20℃。其次在子实体膨大高峰期,增加洒水量,使湿度保持在90%左右,保证菌刺湿润,促使菌刺不断增长。

②珊瑚状菇　是因菇房中二氧化碳浓度过高引起的。此外,培养料中的养分不足也会出现珊瑚状菇,第二潮菇出现畸形菇的比例较高就是因为营养失调的原因。防治方法是在出菇期加强通风,使室内二氧化碳的浓度保持在 0.1% 以下。在采完第一潮菇后,要及时向培养料中补充营养液,如 1% 的蔗糖水、0.1% 的复合肥或淘米水,能有效地防止珊瑚状菇的形成。

③子实体变红、变黄　除因霉菌侵染引起之外,也会因室内条件不适引起,如室内温度低于 14℃,子实体会逐渐由白色变成浅红色,并随温度变低而加深。防治方法是当子实体出现个别变红时,立即将室内温度提高,同时保持较高的空气湿度。也可喷洒杀菌剂防止霉菌侵染。如发现有点片霉菌发生时,要立即挑出,防止扩散。

127. 猴头菌怎样采收和分级?

猴头菌从菌蕾出现,到子实体成熟,在环境条件适宜的情况下,一般 10～12 天即可采收,有的还可提前成熟,8～10 天即可开采。

(1)成熟特征　成熟的标准是子实体呈白色,菌刺粗糙,并开始弹射孢子,在菌袋表面堆积 1 层稀薄的白色粉状物。根据猴头菌不同用途的要求,采收的成熟度略有差别。作为菜肴的猴头菌,最好在菌刺尚未形成、延伸,或已形成但长度不超过 0.5 厘米,尚未大量释放孢子时,此时色泽洁白,风味鲜美纯正,没有苦味或有微苦味;若是作为药用的猴头菌,子实体成熟度可以延长些,在菌刺 1 厘米左右采收。

(2)采收方法　用小刀从袋长菇基座处割下,子实体的根部不要留得太长,一般 1～2 厘米为适,刀割时要避免割破塑料袋,以免造成杂菌感染。也不宜把基座全部割掉,以免影响再生菇。采下的猴头菇,要轻拿轻放,防止挤压损伤外观,影响商品价值。

(3)分级标准 药用猴头菌常为干品。按照菇体大小、菌柄长短、朵形状况、刺毛长势、色泽外观进行分级。目前国标未定,收购均与需方商定。一般一级品菇体直径 4 厘米以上,柄长 1.2 厘米以内,朵形似猴头,色泽米黄,刺毛顺势长度 0.5 厘米,无烂菇、无烤焦、无异味、无粘杂;二级品菇体直径 3～4 厘米,柄长 1.5 厘米以内,有刺毛或局部光秃,朵形稍差,有局部黑斑点或烤焦;等外品是畸形菇,色泽深,有烤焦等。

金针菇

猴头菌

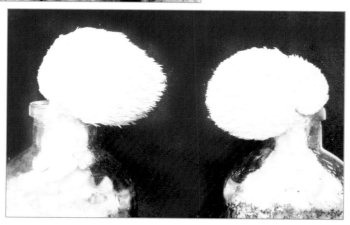

猴头菌

责任编辑：徐嘉祥　封面设计：侯少民

竹荪平菇 金针菇 猴头菌
栽培技术问答（修订版）

ZHUSUN PINGGU
JINZHENGU HOUTOUJUN ZAIPEI JISHU WENDA

ISBN 978-7-5082-3589-9
定价：12.00 元

ISBN 978-7-5082-3589-9

9 787508 235899